ちくま新書

ニュースの数字をどう読むか——統計にだま

トム&デイヴィッド・チヴァース
Tom Chivers & David Chivers
北澤京子=訳

JN036471

1632

ニュースの数字をどう読むか——統計にだまされないための22章【目次】

＊［　］内は訳註です。
＊コラム❶〜❽は、必ずしも読む必要はありません。改めて確認したい、もっと詳しく知りたい等の場合にお読みください。

序

数字に感情はない。
血を流したり泣いたり希望をいだいたりしない。
勇気も犠牲も知らない。愛も献身も。
冷淡さの絶頂には1と0しかないのだろう。
——エイミー・カウフマン&ジェイ・クリストフ『イルミナエ・ファイル』(*)

数字は冷淡で、感情がありません。そのため数字を嫌いな人は多く、その理由はよく理解できます。この原稿を書いている時点で新聞は依然として、2020年前半に世界を席巻し始めたパンデミック、新型コロナウイルス感染症(COVID-19)の毎日の死者の統計を報道しています。イギリスで1日の死亡者数が数千からたった数百にまで減ったとき、まるでトンネルの先に光が見えたように感じたものです。

しかし、こうして死亡した人たちの誰もが、個性を持つ、かけがえのない個人でした。私たちは、COVID-19が流行中に亡くなった人数(2020年8月までに、イギリスで4万1369人、スペインで2万8646人)や、COVID-19の流行がやがて終わるときまでに世界中でどれだけ多くの人が亡くなっているのかについて語ることもできます。ですが、そんな素っ気ない数字は、亡くなった個人について何も教えてはくれません。彼らには皆それぞれのストーリー――どんな人で、何をして、誰を愛して、誰に愛されたか――があったはずなのに。彼らはこれからもずっと悼まれることでしょう。

こうして失われたすべての命を単なる数字で表すこと――「今日はX人が死亡しました」と書くこと――は、無情で寒々しいことに思えます。数字というものは、あらゆる悲しみや心の傷を無視します。亡くなった一人ひとりの個性、彼らのストーリーをすべて省略してしまいます。

とはいえ、もし私たちが毎日の死亡率を記録せず、その結果として病気の拡大を追えていなかったとしたら、さらに多くの人が亡くなったに違いありません。より多くの、かけがえのない人々のストーリーが早すぎる結末を迎えてしまったことでしょう。それが何人かは知る由もありませんが。

本書で私たちは、数字について多くのことを語りたいと思っています。数字がメディアでどのように用いられているかについて、そして数字がいかに間違い、また誤った印象を与えているかについて。しかし、このとき気を付けなければならないのは、こうした数字は何かを表しているということです。たいていの場合、数字が表しているのは人間、そうでなければ人間にとって重要な何かです。

本書はある意味、数学の本です。読者の中には、数学は得意じゃないから理解できないかもしれないと心配する人がいるかもしれませんが、あなただけではありませんのでご心配なく。ほぼ全員が、数学は苦手と考えているでしょう。

本書の著者の一人であるデイヴィッド・チヴァースは、イギリスのダラム大学で経済学を教えています。彼の学生は、経済学専攻に入学するために数学でAレベルを取っているはずですが、にもかかわらず彼らの多くが数学は苦手だと言います。もう一人の著者であるトム・チヴァースは、数学の成績はかなりひどいと自覚していますが、王立統計学会から〝ジャーナリズムにおける統計学優秀賞〟を2回もらったことがあります（トムは何かと言えば会話にこのことを忍び込ませたがります）。デイヴィッド自身も、数学は苦手と思いながらもじつは数学が得意な学生に、まさに数学を教えています。

本書の読者であるあなたもまた、おそらくは自分で考えているよりは数学が得意でしょう。あまり得意じゃないのは暗算かもしれませんね。〝数学が得意〟な人というと、「カウントダウン」［イギリスのクイズ番組。参加者はカードに書かれた6個の数字を足したり引いたり掛けたり割ったりして、ランダムに決められた3桁の数字により近い数字を作り出すことを競う」に出てくるキャロル・ボーダマンやレイチェル・ライリーのような、頭の中で即座に足し算ができる人のことを思い浮かべがちです。もちろん彼女らは数学が得意でしょう。でも、もしあなたが頭の中で足し算ができなくても、だからといって数学が苦手とは言えません。

私たちはたいていの場合、数学には正解と不正解があると考えますが、それもやはり、多くの場合必ずしも正しくありません。少なくとも本書に出てくるような数学では。たとえば、恐ろしげですが一見シンプルな数字、COVID-19の総死亡者数を例にとりましょう。この場合、私たちはどの数字を使うべきでしょうか？　検査で診断が確定した〝確認済みの〟死亡？　それとも、今年の死亡者数を過去数年間の死亡者数の平均と比べた〝超過〟死亡でしょうか？　この2種類の数字のどちらを用いるかによって答えはかなり違ってきますし、どちらを使うべきかは、答えようとする質問によります。どちらも誤りではありませんが、どちらかが〝正解〟というわけでもないのです。

重要なのは、なぜこうした数字が明快ではないのか、そして、なぜ時として単純に見える数字が、じつはより複雑なのかを理解することです。その大きな理由は、人を誤解させたり惑わせたりするには数字を使うのが簡単だからです。だからこそある種の人（政治家に顕著ですが、政治家に限ったわけではありません）は数字をよく使います。そして、数字を用いた論争は、私たちの生活や、民主主義への参加能力に影響を及ぼしているのです。きちんと読み書きのできる住民がいなければ、民主主義国家が機能しないのと同じです。選挙の際にきちんとした知識を基に賛否を投じるには、立候補者が導入しようとする政策を理解できることが必要ですから。

ですが、言葉の理解だけでは不十分です。数字の意味をつかまえる必要があります。このところニュースは数字で語られることが増えています。たとえば、警察が発表する犯罪件数の増減、国の経済の縮小や拡大、COVID-19の最新の死亡者数や症例数などがリリースされています。私たちをとりまく世界を理解するために、数学が得意である必要はないかもしれませんが、数字がどのように作られ、どのように使われ、そしてどのように間違うことがあるかを理解する必要はあります。そうでなければ、個人としても社会全体としても、誤った判断をしてしまうでしょう。

時には、統計の誤解がどのようにして誤った判断につながるのかが、かなり明らかなこともあります。たとえば、もしCOVID-19の感染者が何人かが分からなければ、適切な対応を判断することはできません。本書で後ほど述べる他の事例――ベーコンはがんの原因になるか、炭酸飲料を飲むと暴力的になるか――では、そこまで明らかではないかもしれませんが。ともあれ私たちは皆こうした数字を、世界をナビゲートするための手助けとして、意識的に、あるいは無意識に使っています。赤ワインを飲む、運動をする、お金を投資する——私たちはこういったことを、利益（快楽、健康、富）がリスクを上回ると考えるからこそ行っています。賢明な判断をするためには、こうした利益やリスクが何なのか、そしてそれはどのくらい大きいのかを知る必要があります。そしてたいていの場合、私たちは利益やリスクについての理解をニュースから得ています。

報道機関がこうした数字について、誇張したり、都合よくいいとこ取り（チェリーピッキング）したりせずに、ありのまま伝えてくれるとは限りません。それは必ずしも、報道機関があなたをだまそうとしているからではなく、新聞の購入や番組の視聴を促すために、エキサイティングで、面白く、ショッキングな報道に努めているからにすぎません。同時に、報道機関は——そして私たち自身も——ナラティブ、つまりある問題には特定の原因や解決策があるというストーリーを求めているからでもあります。もしあなたが、どのくらいエキサイティングで、面白く、ショッキングであるかで数字を選んでいるとしたら、それは間違いか、誤解である可能性がかなり高いでしょう。

さらに言えば、ジャーナリストは通常は賢くて（固定観念に反して）善意の持ち主ではありますが、伝統的に数字の扱いはあまり得意ではありません。ということは、ニュースに出てくる数字は誤りであることが多いのです。常にではありませんが、たいていは疑ってかかるのが賢明です。

幸いにも、数字がどのように誤って提示されるかは、ほぼ予測可能です。たとえば、外れ値［他の値から極端に離れた値のこと］を取ってきたり、ある特定の開始点を使ったり、何かが見つかるまで何度も繰り返しデータを切り刻んだりして、都合のいい数字だけをいいとこ取りするのです。他にも、絶対値の差ではなくパーセンテージを使うことで誇張して見せる、実際には関連があるだけなのに因果関係を示唆する、といったいろいろな方法があります。本書は、これらを見極めるために必要なツールであなたを武装します。

あなたが目にするどんな数字も信用できないと言うつもりはありません。どの数字が、どのような場合になら信用できるのかについて、よりよい判断を下す手助けをしたいだけです。

本書では、数学を最小限にとどめるよう努めました。数式のようなものはほぼすべて削除し、本文とは別のコラムにしました。もし読みたければ読んでもよいですし、読まなくても理解が狭まることはありません。

いくつかのテクニカルな概念は避けられなかったので、たまに〝p=0.049〟や〝r=−0.4〟といった記述が出てきます。でも心配ご無用。これらはかなりシンプルで現実的かつ具体的なアイデアを簡略化した単なる記号なので、十分理解できるはずです。

本書は22の短い章に分かれています。それぞれの章は、ニュースから取った例を使って、数字が人を欺く方法について述べています。それぞれの章を最後まで読めば、問題を理解し、次からは同じ問題を指摘する方法が分かるでしょう。まず最初の8章を読むのがベストだと思います――残りの章を理解するのに役立つことが書いてありますから。でも、拾い読みしたければ、それもOKです。前の章で述べた概念に言及するときは、フラグを立ててお知らせします。

本書の最後では、どうすればメディアが数字を上手に扱えるようになるのか――どうすれば本書で指摘した誤りを避けられるのか――に関していくつかの提案をしています。私たちはこの提案を「統計スタイルガイド」として考えたいと思っています。そして、あなたも私たちと一緒に、ふだん見たり読んだりしているメディアに対してこのガイドを使うよう働きかけていただければ幸いです。

では始めましょう。

＊金子浩訳、早川書房、2017年、303ページ

第1章　数字はどうやって人を欺くのか

統計でウソをつくのは簡単だが、
統計を使わずにウソをつくのはさらに簡単だ。
——統計家フレデリック・モステラーによる

ＣＯＶＩＤ－19によって世界中の人々は、いちかばちかの超特急で、統計の概念を教えこまれました。人々は突如として、指数曲線、感染致命割合（ＩＦＲ）と致命割合（ＣＦＲ）の違い［ＩＦＲ（infection fatality rate）は感染者に占める一定期間内の死亡者の割合、ＣＦＲ（case fatality rate）は確定診断された患者に占める一定期間内の死亡者の割合］、偽陽性と偽陰性、信頼区間といった用語を理解しなければならなくなりました。そして、こうした用語の中には明らかに複雑なものもありましたが、「ウイルスによる死亡者数」といった単純極まりないと思われるものですら、意味がつかみづらいことが分かってきました。第1章では、一見したところ単純明快な数字が、驚くべきやり方でいかに人々を欺くかを見ていきましょう。

私たち全員がはじめに理解しなければならなかった数字はR（reproductive number）でした。2019年12月の段階では、Rの値の意味を知っているのは50人に1人もいなかったでしょうが、2020年3月末には、主要なニュース番組でほぼ説明抜きで使われていました。しかし、数字は微妙に間違っていることがあるので、Rの値がどのように変化したかを読者に懸命に伝えようとして、かえって誤解を与えてしまいました。

ここでおさらいです。Rとは再生産数のことです。拡散したり再生産したりするもの――インターネット・ミーム、人間、あくび、新技術など――には何にでも使えます。感染症疫学では、1人の感染者から平均して何人が感染するかを指します。ある感染症のRが5であれば、1人の感染者から平均して5人が感染するということになります。

もちろん、話はそんなに単純ではありません。平均ですから。R値が5で感染者が100人いた場合、100人全員がきっかり5人ずつにうつすこともあれば、99人は誰にもうつさず1人が500人にうつすということもあり得ます。あるいはその間のどれかということも。

Rはまた、常に一定ではありません。新興感染症の場合、アウトブレイクのごく初期は、その病原体に対する免疫を持っている人が誰もおらず、ソーシャル・ディスタンスやマスク着用といった対策は何もとられていないと考えられます。その時点のRは、後のRとかなり違っている可能性があります。アウトブレイク中の公衆衛生政策の目標の1つは、ワクチン接種や行動変容によりRを下げることです。Rが1より大きければ病気が指数関数的に拡大するし、1より小さければ縮小していくからです。

しかし、こうした複雑さを考慮したとしてもなお、ウイルス感染症のルールはシンプルにたった1つ、つまり「Rが1より大きくなるのは良くない」と考えがちです。だから2020年5月初め、あるイギリスのニュースの〝施設内感染の急増により〟[1]〝ウイルスのR値が0・9に再上昇したかもしれない〟[2]という見出しのトーンでは、皆さんおそらくそれほど驚かなかったはずです。

ですが、すべてがそうであるように、これはもう少し複雑な話です。

コラム❶平均値と中央値

あなたは学校で「平均値」「中央値」「最頻値」を習ったことを覚えていますか。「平均値」はたぶんご存知ですね。すべての値を足し合わせた上で、値の個数で割れば得られます。「中央値」は値を順番に並べたときに真ん中にくる値です。

平均値と中央値の違いはこうです。ある集団に7人いて、1人は年に1ポンド、1人は2ポンド、1人は3ポンド……と7ポンドまで稼ぐとします。値を足し合わせると、(1+2+3+4+5+6+7)=28で、28ポンドになります。28ポンドを人数、つまり7人で割れば4ポンドになります。つまり平均値は4ポンドです。

中央値を得るには、値を足す代わりに順番に並べます——つまり、1ポンド稼ぐ人はいちばん左、2ポンド稼ぐ人はその隣……と並べていき、7ポンド稼ぐ人はいちばん右にきます。そして、真ん中に誰が来るかを見ると、この場合は4ポンド稼ぐ人です。したがって中央値も4ポンドになります。

今度は、7ポンド稼ぐ人が自分のスタートアップ企業を10億ポンドでフェイスブックに売却したとしましょう。すると平均値は突如として、(1+2+3+4+5+6+1,000,000,000)÷7=142,857,146、1億4285万7146ポンドになります。つまり、7人中6人が以前と同じ状況でも、その集団の〝平均的な人〟は(少なくとも平均値で見れば)億万長者になってしまいます。

このように、分布に偏りがある状況では、統計家は中央値を使うことを好みます。私たちもやってみましょう。左から右に順に並べると、真ん中に来るのはやはり4ポンド稼ぐ人です。何百万人もいる実際の集団では、中央値は平均値よりも実態を反映します。特に、少数の超高額収入者によって収入の分布の平均値が歪められている場合は。

一方、最頻値とは、もっともよく見られる値のことです。1ポンド稼ぐ人が17人、2ポンド稼ぐ人が25人、3ポンド稼ぐ人が42人いる集団では、最頻値は3ポンドになります。連続量（身長など）を記述するために統計家が最頻値を使う場合は、やや複雑になります。しかし、今のところはその説明はしなくてもよいでしょう……。

別の例を挙げましょう。2000年から2013年の間に、アメリカの賃金の中央値は実質ベースで（つまりインフレ分の調整後に）約1パーセント上昇しました[3]。賃金の中央値が上昇するのは良いことのように聞こえます。しかし、より小さな集団に分けて見れば、妙なことに気づくはずです。高校を中退した人の賃金の中央値は7・9パーセント下がっています。高卒の人の賃金の中央値も4・7パーセント下がっています。大学を中退した人の賃金の中央値も7・6パーセント下がっています。さらに、大学で学士号を取った人の賃金の中央値も1・2パーセント下がっています。

高校を卒業した人と中退した人、大学を卒業した人と中退した人。どの教育レベルの人も賃金の中央値は下がったのに、全体では賃金の中央値は上がっていたのです。

いったい何が起こったのでしょうか？

じつは、大学で学士号を取った人の賃金の中央値は下がったのですが、卒業した人数がものすごく増えたのです。その結果、中央値には奇妙なことが起こります。これは、イギリスの暗号解読者で統計家のエドワード・H・シンプソンが1951年に報告したことから、「シンプソンのパラドックス」と呼ばれています[4]。中央値にだけ当てはまるわけではありません——平均値でも起こることがあります——が、今回は中央値を使いましょう。

ある11人の集団を考えてみましょう。うち3人は高校中退で年に5ポンド稼ぎ、3人は高校を卒業して年に10ポンド稼ぎ、3人は大学中退で年に15ポンド稼ぎ、そして2人は大学で学士号を取って年に20ポンド稼いでいます。全体の中央値（つまり分布の中央にいる人。コラム❶を参照）は10ポンドです。

ある年、政府がより多くの人を高校や大学に進学させる政策に大きく舵を切りました。しかし同時に、それぞれのグループの平均賃金は1ポンドずつ下がりました。その結果、高校中退は2人で4ポンド稼ぎ、高校卒業は2人で9ポンド稼ぎ、大学中退は2人で14ポンド稼ぎ、そして大学卒業は5人となり19ポンド稼ぐことになりました。それぞれのグループで賃金の中央値は下がったのですが、全体で見れば中央値は10ポンドから14ポンドに上がりました。つまり、これと同じようなことが、より大きな数で、2000年から2013年のアメリカで起こったのです。

こうしたことは驚くほどよくあります。たとえば、アメリカの黒人は白人に比べて喫煙者が多いのですが、教育レベルで調整すると、すべての教育レベルで、黒人のほうが白人より喫煙者が少ないことが分かります。これは単純に、喫煙者の少ない、教育レベルがより高いグループでは黒人の割合が低いからです[5]。

シンプソンのパラドックス

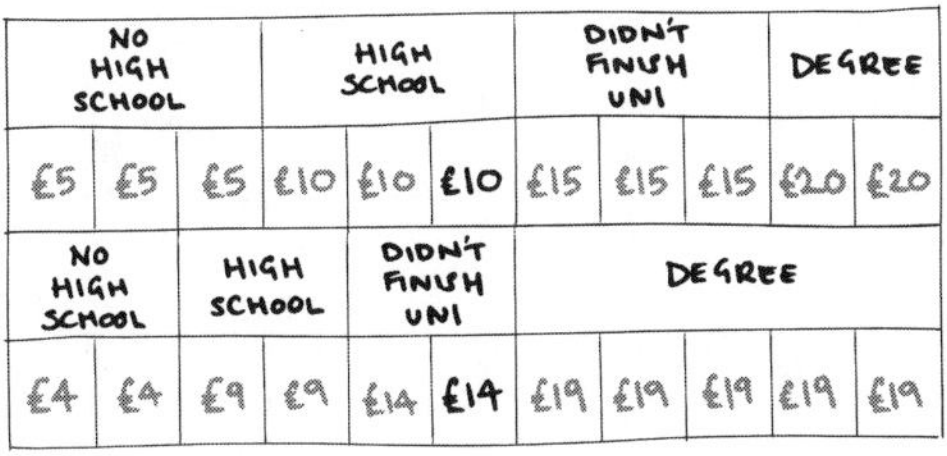

NO HIGH SCHOOL			HIGH SCHOOL			DIDN'T FINISH UNI			DEGREE	
£5	£5	£5	£10	£10	£10	£15	£15	£15	£20	£20

NO HIGH SCHOOL		HIGH SCHOOL		DIDN'T FINISH UNI		DEGREE				
£4	£4	£9	£9	£14	£14	£19	£19	£19	£19	£19

＊左から高校中退、高校卒業、大学中退、大学卒業

もっと有名な例を挙げましょう。１９７３年9月に、男性８０００人と女性４０００人がカリフォルニア大学バークレー校の大学院を受験し、男性の44パーセント、女性の35パーセントが合格しました。

しかし、データをより詳しく見ると、ほとんどの学部でも、合格率は女性志願者のほうが高かったのです。もっとも人気のある学部では、女性志願者の82パーセントが合格したのに対して男性は62パーセント、二番目に人気のある学部では、女性志願者の68パーセントが合格したのに対して男性は65パーセントでした。

何が起こっていたかというと、女性は競争倍率のより高い学部を受験していたのです。ある学部では、９３３人の志願者のうち女性は１０８人で、女性の82パーセント、男性の62

パーセントが合格しました。

一方、別の学部では714人の志願者のうち女性が341人を占め、女性の7パーセント、男性の6パーセントしか合格しませんでした。

しかしこれら2つの学部を合わせると、女性449人、男性1198人が志願し、うち女性111人（25パーセント）、男性533人（44パーセント）が合格したことになります。

繰り返しになりますが、どちらの学部も合格率は女性のほうが高かったのですが、合計すると低くなってしまったのです。

これをどう考えればよいのでしょうか？　まあ、場合によります。アメリカの賃金の例であれば、アメリカ人の賃金の中央値が上がった（より多くのアメリカ人が高校や大学を卒業したため）のだから、集団全体の中央値のほうが有用だと言うこともできるでしょう。あるいはカリフォルニア大学の例では、どの学部を志願しても平均的には女性のほうが男性より受かりやすいと言うこともできるでしょう。しかし同時に、高卒の資格がない人にとっては状況が悪化したとも、志願者のうちほんのわずかしか進学できないのだから、女性が志願したがる学部は明らかに定員が足りないとも言えます。問題は、シンプソンのパラドックスのような状況では、同じデータであっても、自分の取りたい政治的立場によって、正反対のストーリーが作れてしまうということです。もっとも正直なのは、シンプソンのパラドックスが起こっていると説明することくらいです。

COVID-19のR値の話に戻りましょう。R値が上がると、ウイルスがより多くの人に拡散していることになり、それは良くありません。

しかし当然ながら、これもそんなに単純な話ではありませんでした。別々のように見える2つの〝流行〟が、介護施設や病院と、より広い地域とで同時に起こっており、しかもその広がり方が違っていたのです。

そこまで詳細に公表されていないため、実際の数字は分かりません。でも先に行ったのと同じような思考実験はできます。患者が介護施設に100人、地域に100人いたとしましょう。地域では1人が平均して2人に、介護施設では1人が3人にうつすとします。その場合のR（患者1人が何人に感染させるかの平均値）は2・5です。

その後、町がロックダウンされ、感染者の数は減り、Rも下がったとします。しかし——ここが重要な点ですが——ロックダウンの影響は、介護施設よりも地域でより顕著です。ロックダウン後、介護施設には患者が90人いて平均2・9人にうつし、地域には患者が10人いて平均1人にうつすとしましょう。なんと、Rは2・71に上昇します！（(90

×2.9)+(10×1)÷100=2.71) 実際にはどちらのグループでもRは下がっているのに。

この状況を正しく見るにはどうすればよいのでしょうか？ またもや必ずしも自明ではありません。2つの流行は完全に別々というわけではないので、あなたが気になるのは全体のRかもしれません。だとしても「Rが大きくなるのは良くない」と単純に言えないのは明らかです。

シンプソンのパラドックスは、〝生態学的誤謬〟（集団全体の平均像から、個人またはサブ集団について語ろうとする際に起きる誤り）として知られる、より大きな問題の一例です。生態学的誤謬は、あなたが考えているよりも頻繁に起こっています。ニュースの読者やジャーナリストにとって重要なのは、記事の見出しに出てくる数字はより複雑な現実を隠していることがあり、それを理解するためには、さらに掘り下げてみる必要があるということです。

第2章　体験談というエビデンス

「デイリー・メール」(1)と「ミラー」(2)は2019年に、末期がんと告知された女性が、メキシコにあるクリニックで、高圧酸素療法、全身低体温療法、赤外線ランプ療法、パルス電磁波療法、コーヒー浣腸、サウナ、ビタミンC静注療法を含む代替療法を受け、がんが劇的に縮小したと報じました。

本書の読者であればほとんどの方は、この手の記事に健全な懐疑心を抱くでしょう。しかしこの記事は、数字がいかに誤用されているかを理解するための重要な出発点です。この記事に数字はまったく含まれていないように見えるかもしれませんが、含まれています。数字は隠れていてもちゃんとあります——1という数字が。ある主張を裏付けるために、たった1人のストーリーが使われる、これがいわゆる〝体験談というエビデンス〟の例です。

体験談というエビデンスは評判が悪いのですが、本質的に間違っているというわけではありません。あることが真実かそうでないか、私たちは通常どのように判断しているでしょうか？　いちばん基本的な方法は、自分自身で確かめる、または確かめた人の話を聞くことです。

もし熱いフライパンに触れてやけどをしたら、熱いコンロに触ると常にやけどをするに違いないから、触るのは良くないと——たった一度のエビデンスであっても——確信を持ちます。さらに、もし誰かがフライパンは熱くて触るとやけどをすると教えてくれたら、ふつうは疑いなく信じます。他人の体験を信じるのです。この場合、どのような統計分析も不要です。

日常生活を送るには、ほぼ常に、このやり方が有効です。ほとんどの場合、個人の体験や事例——たった1人による観察と結論——からの学びで十分です。でも、なぜそれで良いのでしょう？　なぜここでは体験談というエビデンスでOKで、他では誤解を招くことになるのでしょうか？

なぜならそれは、熱いコンロの場合、二度目に触っても結果はほぼ確実に同じだからです。何度触っても常にやけどをするのはかなり確かです。絶対に正しいという証明はできません——もしかしたら、1536万3205回目、あるいは252億2696万8547回目に触ったら冷たいかもしれませんが。でも、触ったらやけどをすると確信できるまで熱いコンロに触り続けるのは、良い考えとは思えません。ほとんどの人は、一度やけどをしたら、たぶんいつもやけどをするだろうと考えて何の問題もありません。

ふつうは常に同じことが起こる例は他にもあります。もしあなたが何か重いものを投げたら、常に下に落ちます。地球上にいる限り一貫してそうなります。最初に起こることは、毎回起こることのよい例なのです。統計学ではこれを「事象の分布の代表性」と言います。

個人の体験談を使わないでおくのは困難です。私たちも本書で、体験談を使っていくつもりです――メディアで数字がいかに誤用されているかを示す特定の事例を使うでしょうし、読者の皆さんには、それが数字の誤用の代表例だと考えてよいと信じていただきたいと思います。

問題は、より予測が困難な、つまり事象の分布が単純ではない状況で、個人の体験談が使われる場合です。たとえば、コンロに触る代わりに、犬に触ってかまれるとしましょう。もっと注意すべきだとの結論は合理的かもしれませんが、「犬に触ると必ずかまれる」と結論づけることはできません。また、重いものを投げる代わりに、ヘリウム風船を手から放すとしましょう。風船は上がり、風に乗って西に飛んでいきます。でもだからといって、「風船を手放すと必ず西に飛んでいく」と結論づけることはできません。どのような場合は常に起こり――すなわち（熱いコンロに触れたり石を投げたりするように）予測できて、どのような場合は（ヘリウム風船のように）予測しにくいか、を語るのは難しいのです。

　これこそが医学のような領域で起きている問題です。たとえばあなたに何らかの症状――頭痛にしましょう――があって、薬を、仮にアセトアミノフェンを飲むとします。多くの人には有効でしょうが、一部の人には有効でないかもしれません。そういう人は、その薬は効かないというストーリー、体験を語ります。しかし、平均すれば、その薬は痛みを軽減します。たった1人の、いや複数の人であっても、体験談では全体像は分かりません。

　とはいうものの、メディアはストーリーで成り立っています。たとえば2019年の「ミラー」の記事[3]には「「私のしつこい腰痛は19ポンドするパッチで治った。でもNHS［イギリス国営の国民保健サービス］はこのパッチを処方してくれない」とエセックス州のゲイリーさんは話す」と書かれていました。彼は〝変形性椎間板異常〟なるもののために長年腰痛を患っており、まだ55歳なのに仕事を引退せざるを得ませんでした。彼は鎮痛薬や抗炎症薬を〝目を見張るほど調合〟されており、薬代が年に何千ポンドもかかっていました。あるとき彼は〝神経変調を刺激する電磁パルスが痛みの感覚を減らすのに役立つ〟というアクチパッチという商品を使い始めました。その後まもなくして、彼は鎮痛薬の量を半分に減らすことができました。このパッチは彼の腰痛を治したのでしょうか？　もしかしたらそうかもしれません。でもこのストーリーだけでは何とも言えません。

2010年にBMJ〔英国医師会雑誌。臨床医学分野で世界的に有名な学術誌〕に発表されたシステマティック・レビュー[4]〔先行研究を網羅的に集め、結果をまとめた論文〕によると、全世界で約10人に1人が腰痛を患っており、イギリスだけでも何百万人もいます。腰痛はかなりつらいものですが、医師には鎮痛薬の処方や運動の指導くらいしか治療法がありません。そのためかなり多くの患者がアクチパッチやその他の代替療法を試します。そして、アクチパッチや他の療法を試したかどうかにかかわらず、なかには自力で良くなる人もいます。

つまり、患者が新しい代替療法を試し、その後に良くなることはかなり多い。そして、「使った療法」と「良くなったこと」とはまったく無関係のこともかなり多いのです。そのため、何かの薬を使った後に良くなったという個人の体験談は誤解を招きがちです。

この問題が実際には私たちが考えるより悪質なのは、メディアはこの手のニュースが大好きだからです。メディアは、ものすごく面白くて意外性があるとか、ものすごく心温まるといった、何であれ読者の注目を集めることを探しています。これは批判ではありません。メディアは普通の人に日々起きている出来事を報道する他ないのですから。でもそれは、意外性のあることはそうでないことよりも記事になりやすいということを意味します。

はっきりさせておきましょう。ゲイリーさんに起こったこととアクチパッチの間には何かがあったかもしれませんし、なかったかもしれません。エビデンスが弱いという事実は、必ずしも結論が間違っているということを意味しません。[5] アクチパッチはもしかしたら有効かもしれませんし（同類の機器が有効というくらかのエビデンス[6]はあり、アメリカ食品医薬品局＝FDAは2020年に、腰痛の治療用としてアクチパッチを認めました）[7]、ゲイリーさんには実際に効いたのでしょう。ゲイリーさんのストーリーからはさほど多くのことは言えないというだけです。もしも記事を読む前にアクチパッチが効くと考えていなかったなら、記事を読んだ今も効くと考えるべきではないのです。

腰痛はやっかいなもので、ゲイリーさんの生活は明らかに何らかの厳しい制約を受けていたでしょう。しかし、この程度の話であれば、彼の記事を読んだ多くの人が、腰痛が治ると期待してパッチを使ったとしても、それほどひどいことにはなりません。もしかしたらいくらかは良いこと（その治療が効く、あるいは希望を与える、あるいはプラセボ「偽薬」効果で痛みが和らぐ）だってあるかもしれません。とはいえ、医療制度や患者自身に費用の負担はかかりますが。

ときには笑えるような話もあります。たとえば2019年の「メール」の記事[8]には、ヘビ毒、クジラの嘔吐物、腐敗した牛肉、そして〝淋病を患った男性の尿道からの排出物〟を用いたホメオパシー療法を行った結果、乾癬が治った人が6人いたと書かれていました。

「害がないなら別にいいんじゃない？」と言う向きがあるかもしれません。でも、この章の冒頭で紹介した、代替療法でがんを治療した女性の記事のような場合は、より深刻なことになる可能性があります。はっきりさせておきましょう。高圧酸素療法やコーヒー浣腸でがんが治ると考えることに合理性はありません。一方で、世界には絶望的な状況のがん患者が何百万人もいて、その多くががんを治すためにかなり極端な方法を試すだろうと考えるのには合理性があります。そして、時にはがんが良くなる人もいます。ゲイリーさんの腰痛のように、偶然の一致が起こる可能性はかなりあります。

コーヒーでがんを治療した女性のようなケースでは、おそらく害はなかったでしょう。彼女のがんが良くなったのなら、コーヒーが助けになったかどうかにかかわらず、素晴らしいニュースです。コーヒーは彼女に希望を与えたことでしょう。でも、もし誰かがパルス電磁波療法か何かで良くなったという記事を新聞で読んだがために、実際に存在するエビデンスに基づいた医療を受ける気が失せるとしたら、それは危険かもしれません。だからこそ、私たちは社会としてエビデンスを――それがどのように役に立ち、どんなときには役に立たないかを――理解することが重要なのです。このことは体験談というエビデンスに当てはまるだけでなく、本書に出てくるすべての考え方に当てはまります。数字が、そして数字が誤解を招く方法がいっそう複雑になっている今日では。

体験談というエビデンスは役に立たないと言っているわけではありません。ほとんどの場合、私たちは体験談というエビデンスをうまく使って世の中の舵取りをしています。あのレストランは本当にいい、君はあの映画を気に入るに違いない、彼らのニューアルバムはくだらない……。しかし、メディアというフィルターがかかると、それが偶然の一致である可能性が高くなり、そのエビデンスはほとんど役に立たなくなります。

次の章では、数字がもう少し大きくなると何が起こるか、そして、なぜそれがもう少し——ただしほんの少しだけ——良いことなのかについてお話ししましょう。

悪態をつくと重いものが楽に担げますか？「ガーディアン」に掲載されたニュース記事[1]によれば、どうやらそのようです。もっともらしくは聞こえますよね。誤って別の場所に置いてしまったイケアの衣装ダンスを動かそうと階段を担ぎ上げなければならないとき、ほとんどの人は悪態をつきますから。悪態をつくことが何らかの助けにはなっているのかもしれません。

この記事は、キール大学で行われた研究[2]に基づいていました。第2章で、体験談というエビデンス――すなわち、人々の経験についてのストーリー――に基づくニュース記事がいかに誤解を招きやすいかについてお話ししましたが、科学的な研究であれば、それよりはましなはずですよね？

まあ、少しは。

とはいえ、科学研究がすべて同じように行われているわけではありません。

もし1人の経験が十分な説得力を持たないとしたら、何人ならよいのでしょう？　これには決まったルールはありません。では、あなたが何か、たとえばイギリス人男性の身長を知りたいとしましょう。あなたはイギリス人男性を見たことがないエイリアンで、何も知らないとします。イギリス人男性はミクロの小ささかもしれないし、星団と同じくらい大きいかもしれない。全然分かりません。

イギリスの男性全員を身長順に1人ずつ並ばせて身長を測定することができれば、すごく低い人やすごく高い人は少ししかおらず、中くらいの人が最も多いという全体像が分かるでしょう。でもこんなことをするのは、ガウス・ブラスター［イギリスで人気のミニチュアゲーム「ウォーハンマー40,000」で使われる武器］で脅しをかけたとしても、ものすごく労力がかかることは明らかです。そうする代わりに、あなたはサンプルを取ってくるはずです。

サンプルとは、全体を代表してくれそうな一部分のことです。地元のパン屋さんでサワードウ［サワー種で膨らませたパン］の無料サンプルを食べれば、その店のパンについてある程度分かるでしょう。キンドルでサンプルの章を読めば、その本についてある程度分かります。統計上のサンプルも同じです。

ではサンプリングをやってみましょう。町ゆく人々からランダムに選んで身長を測定します。運の悪いことに、最初の人は7フィート［2メートル13センチ］でした。何もないよりはましな情報です――〝星団と同じくらい大きい〟仮説はかなり疑わしくなります――が、これでイギリス人男性は皆7フィートと結論づけたらひどい間違いになります（体験談というエビデンスには疑わしいことが多いという、もう1つの理由です）。

その点はよく分かっているあなたは、サンプリングを続け、身長を記録し続けます。そしてシンプルなグラフを描きます。5フィート11インチの人がいれば5フィート11インチの列に、6フィート1インチの人がいたら6フィート1インチの列に印をつけていきます。

測定する男性の数が増えるにつれて、グラフの形ができていくことに気づくでしょう。真ん中付近には多くの印があり、両端は印が少なく、古い石橋のようなこぶ型の曲線ができます。5フィート10インチあたりに最も印が多く、5フィート7インチと6フィート1インチの間にもほぼ同じくらいの印が集まりますが、両端はとても少ないはずです。この曲線は、イギリス人男性の平均身長を中心とした正規分布、有名な〝ベルカーブ〟のようになるでしょう。

何千人もの身長を測定すれば、この曲線ははっきりしてきますが、最初のうちはとてもでこぼこしています。たまたま運悪く、わずかしかいない極端に背の高い、または低い人に出会ったとしたら、この曲線はおかしな形になります。しかし、集団から本当にランダムにサンプリングしたという仮定の下では、平均的には、サンプル数が増えれば増えるほ

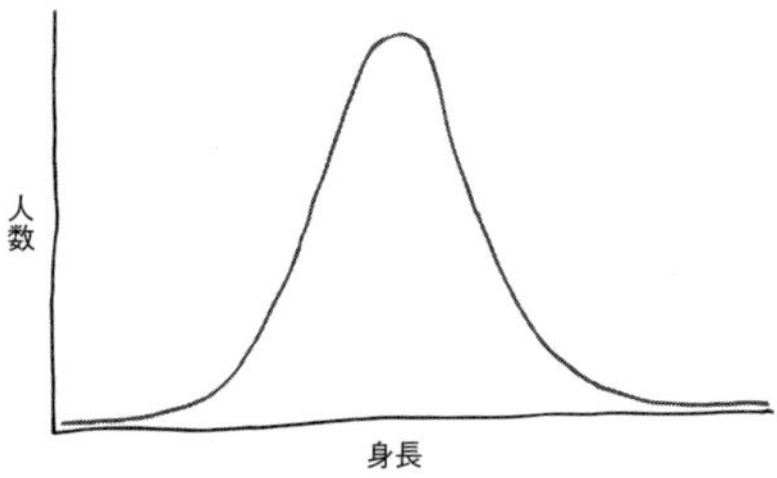

正規分布

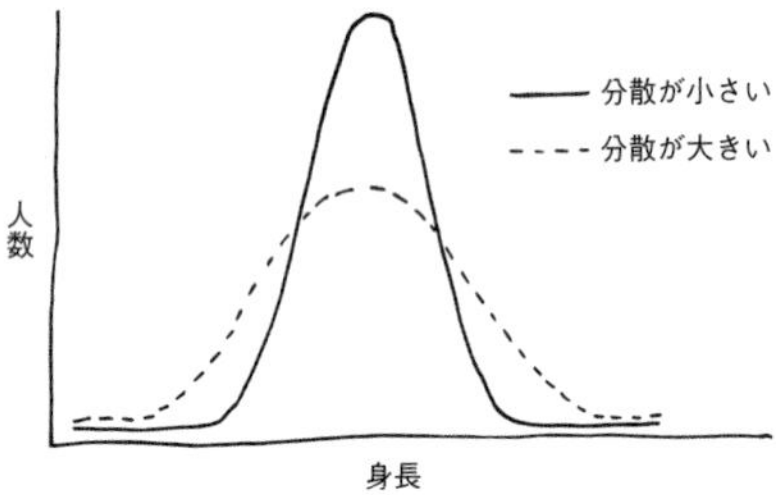

分散

ど集団全体の平均値に近づきます（ランダムにサンプリングしていなければ別の問題が生じます。第4章「サンプルの偏り」を参照）。

　平均からどのくらいばらつきがあるかも考慮する必要があります。平均身長が5フィート10インチと仮定しましょう。もし全員がほぼちょうど平均値で、6フィートくらい高い人や5フィート8インチくらい低い人はほとんどいないとしたら、ベルカーブはてっぺんが高く、幅が狭くなります。一方、もし6フィート10インチや4フィート10インチの人がたくさんいて、その間にもたくさんいたとしたら、ベルカーブは平べったく、幅も広くなります。このように、データがどのくらいばらついているかを、統計学では分散といいます。

分散が小さければ、平均値から遠く離れた値は少なくなりますし、逆もまた然りです。

コラム❷サンプルサイズと正規分布

サンプルサイズがどういうものか知るために、カジノのゲームであるクラップスを例にとりましょう。クラップスは、2個のサイコロを振って出た目を足し合わせるだけのゲームです。

2個のサイコロを振って出た目を足し合わせると、2から12まで11通りの結果になります。しかし、目の出方は皆同じではありません。

最初に1個を振り、それからもう1個を振るとしましょう。最初に1が出たら、2個目で何が出ても合計は12になりません。同様に、1以外が出たら2（1のゾロ目、ピンゾロ）にはなりません。2個の合計は、1個目に何（X）が出るかによって、X＋1からX＋6の間のどれかになります。

これは同時に、1個目に出た目が何であっても、合計が7になることはあり得るという意味でもあります。もし1個目が1なら2個目に6が出れば7になり、2が出れば2個目が5で7になり……6が出れば2個目に1が出ればよいわけです。つまり、1個目が何であっても、合計が7になる確率は6分の1です。

全体では、サイコロの出方には36通りあり、うち合計が7になるのは6通りですから、7に

2個のサイコロの目の合計値の確率

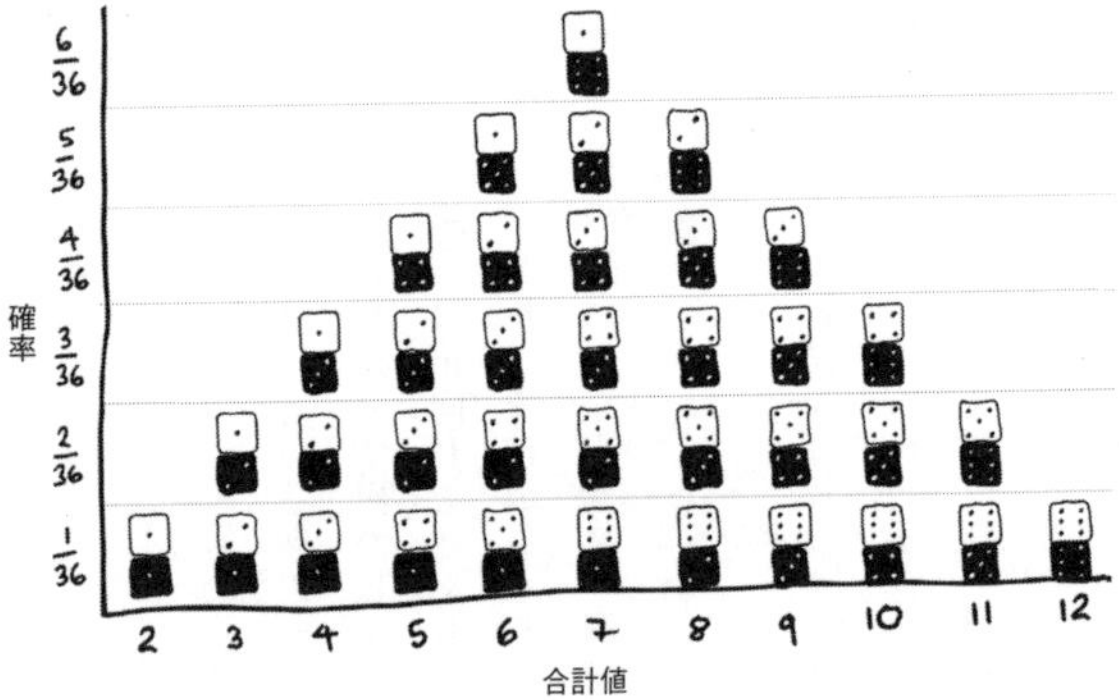

なる確率は6／36、つまり1／6です。合計が8になるのは5通り、6になるのも5通りです。9になるのは4通り、5になるのも4通り……。しかし2になるのは1通りしかなく、12になるのも1通りだけです。

　このようになることは数学的に証明できますが、自分でサイコロを振ってみてもよいでしょう。サイコロを36回振ったとして、7がちょうど6回、6がちょうど5回などとなることはおそらくないでしょうが、100万回やってみたら、7はほぼちょうど6回に1回、ピンゾロは36回に1回出るでしょう。

　2個のサイコロで7が出るのはどのくらいか、実験的に調べようとしているとしましょう。基本的な考え方はこうです。サイコロを振れば振るほど（サンプルサイズが大きくなるほど）7が出る回数をより確実に予測することができます。20回振ったら、

95パーセントの確率で7が1〜6回出ます。この6通りは出る目の範囲の25パーセント以上です。

100回振った場合に7が出る回数は、95パーセントの確率で11〜25回で、これは起こり得る範囲のちょうど15パーセントです。同様に1000回振った場合は、145〜190回で、起こり得る範囲のちょうど4・6パーセントに狭まります。

同じことは他の目でも起こります。サンプルサイズが増えるほど、ピンゾロが出るのはきっかり36分の1に近づくし、6のゾロ目になるのも、その間の数字でも同じです。

サイコロを振った回数という〝サンプル〟が増えれば増えるほど、〝リアル〟の分布に近づくのです。

＊ここまで付き合ってくださったお礼として、ジョー・ウィックスの話をすると楽しいかもしれません。彼はイギリスがロックダウンしている間、ウイークデイに毎日、ユーチューブで自室からエクササイズのレッスンをしてくれたいいヤツなのですが、ここで彼に面倒なことが起こってしまいました。彼はワークアウトに偶然の要素を入れようとして、2個のサイコロを振って出た目（2〜12）に応じてエクササイズを割り振ったのです。ところが、2に割り振ったスタージャンプ「両手両足を開いて星型にジャンプすること」に比べて、7に割り振ったバーピージャンプ「立っている状態からしゃがんで手を地面に付け、足で地面を蹴って後ろに伸ばしてから元に戻してしゃがんだ状態からジャンプすること。スタージャンプよりずっときつい」をめちゃくちゃ多くやっていることに気づき、ひどく混乱してしまいました。[3] 彼は自分の間違いに気づいてから、ルーレットを使うことにしました。

男性の身長の場合、平均値を中心とした正規分布が得られます――繰り返しますが、ランダムにサンプリングしたと仮定すれば、より多くの男性の身長を測れば測るほど、コラムのサイコロの例と同じく、サンプルは集団全体と似通ってきます。

しかし、何か他のこと――たとえば、薬を飲む人は飲まない人より病気が早く治るかどうかを調べたい場合、測定するのは1つではなく2つ、つまり、薬を飲んだ場合にどのくらい早く治るかと、薬を飲まない場合にどのくらい早く治るか、になります。

知りたいのはこの2群間に違いがあるかどうかです。しかし、身長と同じように、いくらかはランダムなばらつきがあるはずです。たった2人を連れてきて、1人には薬を飲ませ、もう1人には飲ませなかった結果、薬を飲んだ人のほうが早く治ったとしましょう。しかしそれは単に、その人の体力が勝っていたというだけかもしれません。

そこであなたは、多くの人をランダムに2群に割り付け、1群には薬を飲ませ、もう1群にはプラセボを飲ませます。それから、身長を測定したのと同じように、治るまでの平均時間を測定します。基本的には2群ともやっていることは同じです――つまり、薬を飲んだ想像上の〝集団〟から〝サンプル〟を選び、薬を飲まなかった別の想像上の〝集団〟からも〝サンプル〟を選んでいます。そして、薬を飲んだ人のほうが平均して早く治ったとしたら、薬が回復を早めるということになります。

問題は、平均身長を測定する場合と同様、運が悪いこともあるという点です。たまたま、より健康な人を全員、全員とまではいかなくても大多数を、介入群［投薬や処置など外から何らかの操作を行う群のこと。介入群の比較相手になる群は対照群という］に入れてしまうかもしれません。その場合、薬で早く治ったように見えても、事実は、いずれにせよ早く治ったということでしょう。

もちろん、サンプルサイズを大きくすればするほど、こうしたランダムなばらつきが結果に影響を及ぼす可能性は低くなります。問題は、よい推定値を得るためには何人必要か？　という点です。その答えは、場合による、です。

この〝場合〟にはさまざまな要素がありますが、もっとも重要な要素の1つは、調べようとしていることがどのくらい微妙なものかという点です。介入に伴う変化がわずかであればあるほど、それを検証するために多くの人数が必要になります――専門用語で言えば、より大きな〝統計学的検出力〟が必要になります。これはちょっと考えてみれば明らかでしょう。「頭を拳銃で撃たれるのは体に悪いか？」という疑問に答えるのに、1万人ものサンプルサイズが必要なはずがありません。

さて、この章の冒頭に出てきた、悪態をつくことの研究に戻りましょう。悪態をつくことが腕力に及ぼす効果は、（あなたの予想通り）あったとしてもたぶんわずかでしょう。もし効果が明らかなら気が付いているはずですし、オリンピックの重量挙げの決勝戦は処理してからでないと放送できなくなりますから。

この悪態の研究では2回の別々の実験（1回は52人、もう1回は29人が対象）を行っており、腕力を2通りの方法で測定していました。そのためこの研究は先ほど述べた研究デザインとは少し異なるということに注意すべきでしょう。何人かは悪態をついている間に何かを持ち上げるよう指示され、残りは悪態ではない言葉を叫んでいる間に何かを持ち上げるよう指示されました。ここまでは薬の試験と同じです。しかし今回の研究では、2群はその後に入れ替えられ、悪態をつかなかった人はつくよう指示され、悪態をついた人は悪態ではない言葉を叫ぶよう指示されました。そして両群とも、腕力を2回測定されました。これは〝被験者内〟試験デザインと呼ばれるもので、サンプルサイズが小さいことによる問題を軽減できます。

お話ししたように、必要とされる的確なサンプルサイズは、調べようとしている変化がどのくらい微妙かなどさまざまな要素によって決まります。そして、偶然出た結果を見ているにすぎない可能性を減らすための統計学的な操作もあります。

とは言え、経験則としては、参加者が100人未満の研究で、特に、調べていることがかなり意外だったり、微妙だったりする場合には注意が必要です。他の条件が同じなら、サンプルサイズが大きいほど信頼性が高まります。悪態をつくと力が出る可能性はあるのかもしれません。でもそれって、とんでもなくびっくりなことですよね。

これはどちらにせよおふざけです。悪態をつくと強くなるなんて、誰が本気にするでしょうか？　もし本当なら興味深いし楽しいですが、生きるか死ぬかという問題でもなさそうです。

しかし、生死にかかわることだってあります。2020年前半、世界中がCOVID－19の治療や予防に役立ちそうなものを、何でもいいから探し回っていたころ、科学論文やプレプリント（論文の初期のバージョンで、査読を経ていない段階）がネット上を埋め尽くしました。そのうちの1つは、抗マラリア薬のヒドロキシクロロキンに着目しました[4]。それは悪態をつくと強くなるか研究のような比較試験（ただしランダム化はされていない）で、ドナルド・J・トランプがツイート[5]して注目を集めました。この研究は「ヒドロキシクロロキンによる治療はCOVID－19患者のウイルス量の減少や消失と有意に関連がある」ことを発見したのです。

全部で42人の患者を検討し、ヒドロキシクロロキンが投与された介入群が26人、投与されなかった対照群が16人でした。この研究が他の点では完璧にうまく実施されたとしても

（そうではありませんでしたが）、サンプルサイズが小さいという点で脆弱でした。ヒドロキシクロロキンは、悪態をつくと実際に腕力が増すかもしれないのと同じ程度には、COVID－19に対して何らかの効果があるのかもしれません。しかし、効果がないかもしれないし、じつは有害かもしれないのです。この研究からは、そのどちらなのかほとんど分かりません。しかしそれにもかかわらず、それを報じる記事の見出しが世界中を駆け巡ったのです。

第4章 サンプルの偏り

2020年4月、「サン」[1]と「デイリーメール」[2]に、イギリス人のお気に入りの〝ロックダウン時のスナック菓子〟は（ドラムロール、プリーズ！）チーズトーストだ、というエキサイティングなニュースが載りました。チーズをトッピングした温かいトーストは22パーセントの票を集め、チーズオニオン味のポテトチップスが惜しくも2位（21パーセント）。続いて、ベーコン・サンドイッチ（19パーセント）、チョコレートケーキ（19パーセント）、チーズクラッカー（18パーセント）という結果でした。

前の章で、サンプルサイズが小さいと偶然が数字を狂わせることがあるということを見てきました。でも、このスナック菓子についての記事はネット銀行のレザン社が行った2000人対象の調査を基にしています。[3]ということは、この結果はたぶん本物、ですよね？

うーん、じつはサンプルサイズ以外にも、研究結果を誤らせてしまう別の要因があります。いちばんはっきりしているのは、取ってきたサンプルが集団全体を代表していない場合で、これはよくあります。

前の章では、ある集団の身長を推定するために、ランダムに選んだ人の身長を測ることを想定しました。しかし今回は、バスケットボール大会の会場の外に、身長測定用の屋台を設置するとします。あなたはすぐに、7フィート〔2メートル13センチ〕級の人が大勢行き交っているのを見つけるでしょう。そこで測定したサンプルの平均身長は跳ね上がりますが、だからといって集団全体の平均身長が変わるわけではありません。

これはサンプリング・バイアスと呼ばれるものです。〝バイアス〟という語はふつう、この審判はうちのチームが不利になるようにバイアスがかかっているとか、このメディアは私の支持政党が不利になるようにバイアスがかかっているなどと、人間に対して使われます。統計学的なバイアスも、ほぼ同じ意味です。「イギリス史上、最高のサッカーチームはどこですか？」と尋ねる調査を、最初はアンフィールド通り〔リバプールFCのホームグラウンドがある場所〕、次にサー・マット・バスビー通り〔マンチェスター・ユナイテッドのホームグラウンドがある場所〕で行うとしましょう。サンプリングされた人間がかなり違うので、結果はかなり違うはずです。

サンプルの偏りは、サンプルが小さすぎるのとは別の意味で致命的です。サンプルサイズが小さくても、少なくともランダムに選んだサンプルであれば、データを増やせば増やすほど真の答えに近づきます。しかし、サンプル自体が偏っていると、データを増やしても役には立たず、かえって誤った答えがより確からしくなってしまいます。

たとえば、2019年のイギリス総選挙で、ジェレミー・コービン（当時は労働党の党首）とボリス・ジョンソン（首相であり保守党の党首）がテレビ討論を行いました。

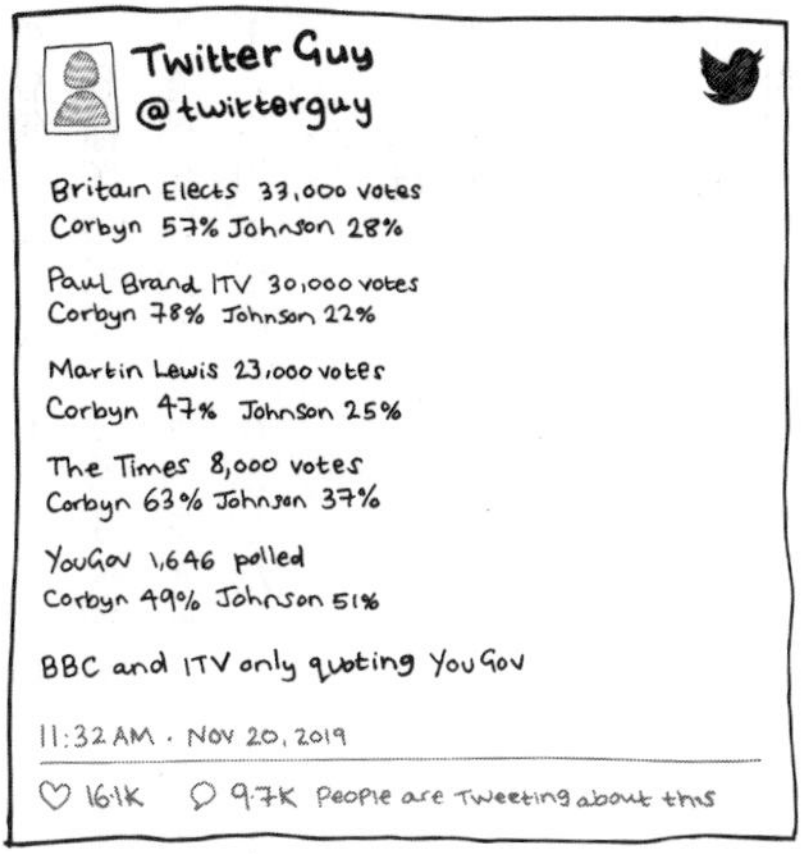
Twitter Guy
@twitterguy
Britain Elects 33,000 votes
Corbyn 57% Johnson 28%
Paul Brand ITV 30,000 votes
Corbyn 78% Johnson 22%
Martin Lewis 23,000 votes
Corbyn 47% Johnson 25%
The Times 8,000 votes
Corbyn 63% Johnson 37%
YouGov 1,646 polled
Corbyn 49% Johnson 51%
BBC and ITV only quoting YouGov
11:32 AM · NOV 20, 2019
16.1K
9.7K People are Tweeting about this
＊各調査の総票数とコービンとジョンソンの獲得割合。BBCとITVは最終行にあるYouGovのみを使用した。

政治世論調査会社のユーガブ（YouGov）が討論後、どちらが「勝った」か視聴者に尋ねたところ、48パーセントがジョンソン、46パーセントがコービン、7パーセントが分からないと結果が割れました（その通り、数字を合計すると101パーセントになります。四捨五入するとこうなることもあるのです）。

これがオンライン上でちょっとした論争になりました。他の投票では[4]結果がまったく違っていたと指摘したツイートは、本書の執筆時点で1万6000回以上「いいね」が付きました（イラスト参照）。

5種類の投票のうち4種類ではコービン氏の楽勝でした。逆の結果は1種類だけで、他の4種類に比べてサンプルサイズが小さかったのですが、にもかかわらずそれだけがニュース番組で引用されました。これはコービン氏を不利にするメディア・バイアスなのでしょうか？

これはメディア・バイアスというよりサンプリング・バイアスの例と言えるでしょう。他の4種類の投票はすべて、ツイッター上で行われていました。ツイッターの投票は通常、悪意のない単なるお楽しみです（「ポテトチップスのワールドカップの準決勝＝モンスター・マンチのオニオンピクルス味対ウォーカーズのチーズオニオン味」など）。しかし、時には政治的な質問にも使われます。

問題は、ツイッターがイギリス全体を代表していないことです。ツイッターのユーザーはイギリス国民の17パーセントで[5]、国全体に比べてより若く、女性が多く、中流階級が多い傾向にあります（2017年の研究による）[6]。若者、女性、中流階級の人は、国全体に比べて労働党に投票する可能性が高い（そしてもちろん、質問のツイートを見て回答した人は、ツイッターユーザー全体を代表してもいません）。

ツイッターでより多くの人に質問しても役には立ちません。集団全体を代表しない（代表性のない）サンプルが対象である以上、同じ問題が生じます。仮にツイッター上で100万人に投票してもらっても、ツイッターユーザーの集団であることに変わりはなく、国全体を代表する集団ではありません。単に、誤った回答がより精緻になるだけです。

問題は、代表性のあるサンプルを得るのは非常に難しいという点です。ツイッターで調査をすれば、ツイッターを使っていない人を含めることができません。この問題はどこにでもつきまといます。インターネットで投票をしたら、インターネットを使わない人を含めることができません。路上でアンケートをしたら、家にいる人を含めることができません。政治に関する世論調査は、かつては固定電話が使われていました。ほぼすべての人が電話線を引いていましたし、ランダムな番号に電話をすれば、ランダムにサンプルを抽出することがとても簡単にできたからです。でも今それをすると、かなり偏ったサンプルになるでしょう。固定電話のある人（で、知らない番号からかかってきた電話に出る人）は、そうしない人とはかなり違うでしょうから。

＊おかしなことに、これは1936年のアメリカの選挙で起こったことの逆バージョンです。「リテラシー・ダイジェスト」誌は選挙前に、アルフレッド・ランドン（共和党のカンザス州知事）とフランクリン・D・ルーズベルトのどちらに投票するか電話調査を行いました。240万人の有権者を調べて、ランドン勝利は57～43パーセントと予測しました。しかし実際の投票結果はランドン36パーセント、ルーズベルト62パーセントでした。当時、電話は高価な

新技術であり、主にお金持ちしか持っていませんでした。そのため電話調査に頼った「リテラシー・ダイジェスト」の調査は、結果がものすごく偏ってしまったのです。調査会社ギャラップ社の創始者であるジョージ・ギャラップはこのとき、きっかり5万人の調査でずっと正確な結果を得、ルーズベルト勝利を予測しました。

アンケート調査におけるこうした問題をある程度回避できるサンプリング方法はいくつかありますが、完璧にはなりません。ひとつには、人々に調査への回答を義務付けることはできないので、調査はどうしてもイヤという人をサンプリングできないということがあります。しかしその代わり、別のことをします。結果に重みづけをするのです。

ある集団では男性が50パーセント、女性が50パーセントであることが、国勢調査のデータから分かっているとしましょう。そのうえで、代表性のあるサンプルを得るために最善を尽くして調査を行います。回答者1000人のうち、女性は400人、男性は600人です。「グレイズ・アナトミー［アメリカのテレビドラマ］」は好きですか？」と尋ねたところ、400人は「好き」、600人は「好きではない」という回答でした。この結果から、グレイズ・アナトミーを好きな人は40パーセントと考えるかもしれませんが、細かく見ると、性別によって答えが非対称であることに気が付きます。女性は100パーセントが好きと答えたのに対し、男性では0パーセントだったのです。

「好き」が40パーセントになった理由は、調査したサンプルが全体を代表していないからです。でも幸い、この非対称は簡単に正すことができます。結果に重みづけをすればよいのです。集団全体では女性は50パーセントいるのに、調査サンプルでは40パーセントしかいません。50は40より25パーセント大きいので、「好き」と答えた400人を25パーセント増しにすれば500人になります。

男性についても同様に、サンプルは60パーセントが男性ですが、バイアスがかかっていなければ50パーセントのはずです。50は60の0.833…倍なので、0.833…の重みづけをします。

そこで、「好きではない」と答えた600人に0.833…をかけると500人になります。重みづけをした結果、集団全体のちょうど50パーセントが、グレイズ・アナトミーを「好き」だと分かります。

これをもっと繊細な方法で行うこともできます。たとえば、前回の選挙で誰に投票したかを尋ねる調査をするとします。そして、国全体では35パーセントが労働党、40パーセントが保守党に投票したことが分かっているとしましょう。にもかかわらず、回答者の50パーセントが保守党に投票したと答えたのであれば、それに応じてサンプルの重みづけをし直すことができます。あるいは、集団全体の年齢分布が分かっている場合、調査に固定電話を使用したためにサンプルがより高齢者に偏っていれば、年齢分布で重みづけをし直すことができます。

もちろんこれは、集団全体について真実を知っているからこそできることです。男女の割合が50：50と信じていても実際には60：40だったとしたら、重みづけによって余計に間違うことになります。でも、国勢調査や選挙結果から現状を把握できることが多いでしょう。

サンプルにバイアスがかかる別の手法もあります。もっともあからさまなのは誘導尋問です。たとえば、600人に薬を投与すべきかどうかを尋ねる場合、「200人が助かる」と言うか「400人が死ぬ」と言うかによって、それが論理的には同じであるにもかかわらず、答えは違ってきます[7]。こうした〝フレーミング効果〟は調査でも見られます。たとえば、「はい」か「いいえ」かで答える質問に対しては「はい」と答える傾向があります（たとえばこんな質問です。「政府はその治療に対して支払いをすべきですか？」）。

ということは、冒頭の例で、チーズトーストはイギリス人の好きなスナック菓子と言えるでしょうか？　まあ、おそらくレザン社は、代表性のあるサンプルを取ってくるのにとても苦労し、結果を年齢、性別、投票意欲で重みづけし直したでしょうが、詳しくは分かりません（レザン社に尋ねはしたのです！　彼らが回答してくれたら、重版時にこの部分をアップデートすることをお約束します）。

とはいえ、こんなお楽しみの投票のためにそこまで努力したなら、そちらのほうがちょっと驚きです。いちばんありそうなのは、単にネット調査をして、ネット調査に回答する類の人からの不均衡な回答を受け取っただけでしょう。

問題は、ネット調査に回答する一部の集団におけるスナック菓子の好みが、集団全体の好みと同じかどうかです。まあそうかもしれませんが、分からないとしか言えません。私たちに分かるのは、質問された2000人の22パーセントがチーズトーストを選んだということだけです。それで十分だし、それ自体興味深いです――この2000人の好みが分かったのですから。でもおそらく、集団全体について言えることはあまり多くはないでしょう。

第5章 統計学的に有意

女が近くにいると、男は気を引こうとして余計に食べる？ 2015年の「デイリー・テレグラフ」の記事[1]の見出しです。同じ研究は「ロイター」[2]やインドの「エコノミック・タイムス」[3]でも記事になりました。これらの記事によると、男性は女性と一緒だと、男性が一緒のときに比べて、ピザを93パーセント、サラダを86パーセント多く食べたのだそうです。これは、コーネル大学食品ブランド研究所の心理学者であるブライアン・ワンシンクら3人が行った研究[4]に基づいていました。

これまであなたは、本書に出てくる記事の中の数字が必ずしも信用できないことを学んできました。しかし今回は明らかに、ジャーナリストのせいではありません。科学が機能することとしないことについて多くをさらけ出すという意味で、ネタ元の研究が非常にたちの悪いものであったことが判明しました。この研究での統計がなぜ信頼できないかを理解するためには、科学的営みのメカニズムに深く分け入る必要があります。しかしそれをやり遂げれば、後の章で書いてあることの多くに納得がいくはずです。

科学記事やニュースに数字が出てきたら、ほとんど常に〝統計学的に有意〟という用語に出くわすはずです「日本の新聞記事にはあまり出てきません」。このフレーズを、自分が読んでいる統計は重要だという意味だと捉えたとしても仕方ありません。でも残念ながらこのフレーズは、それよりもっとずっと複雑です。2019年のある論文[5]によれば、「統計学的に有意」の定義は次のようになります。

「帰無仮説が真実であり、同じ集団からランダムなサンプルを選んで同じ研究を無限回繰り返すと仮定した場合に、現在の結果より極端な結果が出るのは5％未満である」。

分かりますか？　説明していきましょう。

あなたは何かを発見しようとしている、と考えてみてください。たとえば、『ニュースの数字をどう読むか』という本を読めばニュースに出てくる統計の理解が進むか、にしましょう。そこであなたは1000人というすばらしく大人数のサンプルを取ってきます。このサンプルには、本書を読んだことのある数百万人のうちの何人かと、悲しいかな、読んだことのない数百万人のうちの何人かが含まれているはずです（議論を単純にするために、まだだれも本書を読んでいないうちは、この2群は同じであると仮定します。実際には、本書を購入した人は、購入していない残りの人に比べて、平均すればかなり頭がよく、賢明で、しかも美貌の持ち主に違いないことは分かっていますが）。

次に、サンプル全員に、統計の能力を測定するための簡単なクイズをやってもらい、本書を読んだ人が読んでいない人に比べて成績が良いかどうかを調べます。

データを見たところ、本書を読んだ人のほうがテストの成績が良かったとしましょう。でもどうすれば、これが単なる偶然ではないと分かるでしょうか？　単なるランダムなばらつきではなく、統計の能力に実際に差があって成績が良かったということを、どうすれば知ることができるのでしょうか？　そのためには〝有意性検定（または仮説検定）〟という統計学のテクニックを使います。

それにはまず、本書に何の効果もないとしたらどんな結果になりそうかを考えます。これが〝帰無仮説〟と呼ばれるものです。もう1つの可能性は〝対立仮説〟、つまり本書に何らかの良い効果があるという仮説です。

これを描写するのにもっとも良い方法はグラフを使うことです。帰無仮説の下では、平均点あたりを頂点とする曲線が描けるはずです。もっとも人数が多いのは真ん中周辺ですが、点数がかなり良い人が数人いて、逆に、かなり悪い人も数人いるという、第3章で見た正規分布曲線のような形になります。そして、本書を読んだ人の平均点と分布曲線は、

p値ハッキング

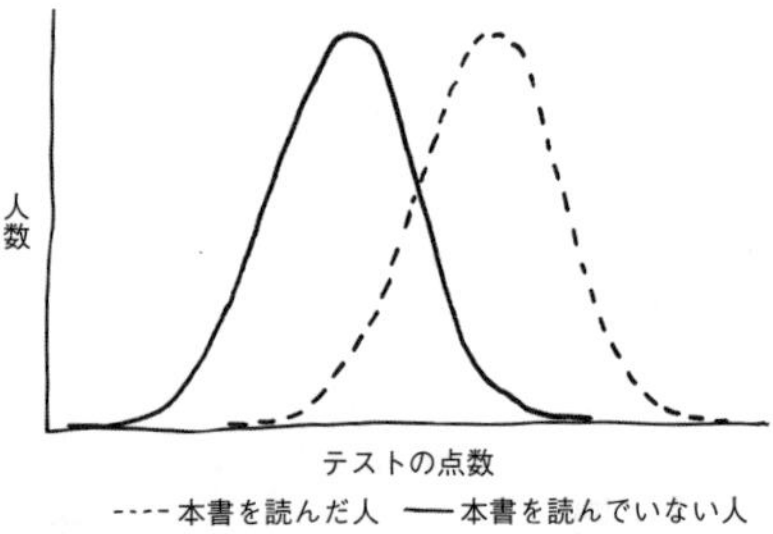

読んでいない人のそれとほぼ重なると考えらえます。

一方、対立仮説の下では、本書を読んだ人の平均点は読んでいない人より高く、読んだ人の分布曲線は右にシフトするはずです。

ややこしいのは、帰無仮説――すなわち、本書には何の効果もなく（信じがたいことですが）2群の統計能力はまったく同じ――の下であったとしても、いくらかはランダムなばらつきがあるということです。単にその日は調子が悪かったという人もいるでしょう。このような状況を想像するには、映画「スライディング・ドア」［ロンドンが舞台の1998年の恋愛映画。主人公が地下鉄に乗れなかった場合と乗れた場合が並行して描かれる］を思い浮かべるとよいでしょう。ある状況ではグウィネス・パルトロウは地下鉄に乗り損ねてクイズ会場に遅刻し、そのため慌ててしまって成績が悪く、別の状況では彼女は時間通りに到着してテストに楽々合格し、ジョン・ハナーと恋に落ちる……。劣等生から統計の天才に変身することはおそらくないでしょうが、そのときの状況が結果に影響することはあり得ます。テストの成績には、わずかであっても一定程度のランダムな

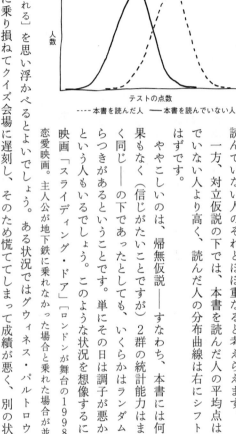

ばらつきはあるものです。

もし本書を読んでいない数人がたまたま成績が特に悪かったり、あるいは、本書を読んだ数人がたまたま成績が特に良かったりすれば、平均点に目に見える変化が生じ、読んだ人は読まなかった人より成績が良いように見えるでしょう。

さて、理由が何であれ、本書を読んだ人は読んでいない人より点数が良かったとしましょう。次にあなたがすべきことは、仮に帰無仮説が真実なら――つまり、私たちの例で言えば、本書には何の効果もなく、ばらつきは単なる偶然の結果だとしたら、今回の結果（あるいはさらに極端な結果）が起こるのはどれくらいかを調べることです。これが有意性検定です。

帰無仮説は誤りである、と誤解の余地なく言える1つのポイントがあるわけではありません。理論上は、どんなに劇的な結果であっても、まったくのまぐれ当たりということもあり得ます。しかし、両群間の点数の差が開けば開くほど、まぐれである可能性は低くなります。科学者は、帰無仮説が正しく両群が一致する可能性を〝p値〟（pはprobability＝確率の意味）で測ります。

何かが偶然に起こる可能性が低くなるほど、p値は小さくなります。本書に何の効果もないとした場合に、少なくともこんなに極端な結果が起こる可能性が100回に1回しかなければ、p=0.01、または100分の1と記載されます（**ものすごく重要**なので、太字で二度も**ものすごく重要**と書きますが、これは、結果が誤りである確率が100回に1回しかないという意味ではありません。これについてはまた後で触れますが、とりあえずここでフラグを立てておきます）。

科学の多くの領域で、p値が0・05以下――こんなに極端な結果が起こる可能性が5パーセントを上回ることはないと期待できる――なら、その結果は〝統計学的に有意〟、つまり帰無仮説は棄却できるという慣習があります。

では、私たちの研究で、本書を読んだ人の平均点は読んでいない人に比べて実際に高かったとしましょう。もしこの結果のp値が0・05未満なら、統計学的に有意であり、帰無仮説（本書に効果はない）を棄却して、対立仮説（本書を読めば統計に強くなる）を採用できます。ここでp値が示しているのは、帰無仮説が真実で同じテストを100回行ったとしたら、本書を読んだ人が読んでいない人と比べてこれだけ良い点数が取れるのは、5回未満だということです。

〝統計学的に有意〟は、科学者にとっても混乱の元です。2002年の研究によれば、心理学を専攻する学部学生の100パーセントが有意性について誤解しており、さらにショッキングなことに、講師の90パーセントが誤解していました[6]。別の研究では、心理学の教科書28冊を調べたうち25冊で、統計学的に有意という定義に関して少なくとも1カ所の誤りがありました(7)。

ここで、いかにもありそうな誤解を解いておきましょう。第一に、〝統計学的に有意〟と呼んでいるものは恣意的な習慣である、と覚えておくことは重要です。p＝0.05は魔法ではありません。p値をより大きくすれば、より多くのことを統計学的に有意と主張できますし、逆に、小さくすれば、より多くのことを統計学的に有意ではなく、たぶん偶然だろうと主張できます。p値を大きくするほど偽陽性［本当は差がない（陰性）のに差がある（陽性）としてしまう］のリスクが大きくなり、小さくするほど偽陰性［本当は差がある（陽性）のに差がない（陰性）としてしまう］のリスクが大きくなります。私たちの研究でも、p値を厳しく設定しすぎれば、実際には本書に効果があったとしても効果なしと見なすことになりますし、当然ながら逆もまたしかりです。

第二に、統計学的に〝有意〟とは、世の中の普通の感覚で〝有意（意味がある）〟ということではありません。たとえば、本書を読んでいない群の平均点が65点で、読んでいる群の平均点が68点だった場合、それが〝統計学的に有意〟になることはあるかもしれませんが、大して気にならないでしょう。〝統計学的に有意〟とは、あることがどのくらい偶然に起こりやすいかの指標であって、それが重要かどうかではありません。

第三の重要なポイントは、p＝0.05の知見が得られた場合、仮説が誤っている確率は20分の1しかない、という意味ではないということです。この誤解はしょっちゅうあり、科学が誤解を招く大きな要素となっています。

問題なのは、p≦0.05を統計学的に有意とするのがまったく恣意的なものだとしても、科学者は――そしてより重要なことに学術誌も――0・05をカットオフ値と見なすことが非常に多いことです。ある研究結果が、p＝0.049なら論文として発表され、p＝0.051なら発表されないことがあり得ます。そして科学者は、研究費をもらう、テニュア（終身在職権）を獲得する、そして一般的な意味でキャリアを成功させるために、研究成果を論文として発表する必要があります。そのため、統計学的に有意な結果を得ることに強いインセンティブがあるのです。

本書を読む実験に戻りましょう。私たちは、この本が「サンデー・タイムス」のベストセラーリストに載ってカクテルパーティーでお祝いするために、本書が統計の能力を高めることを示したいと心から願っています。でも実験の結果、p＝0.08しか得られませんでした。

うーむ、これは運が悪かっただけかもしれません。そこでもう1回実験をやり直し、今度はp＝0.11でした。さらにもう1回、もう1回と繰り返して、ついにp＝0.04が出ました。やった！　私たちはこの結果を報告し、本書の印税で永遠に食べていけます。……しかしこれは、ほとんど確実に偽陽性です。実験を20回繰り返したら、20回に1回はまぐれで結果を得られるのですから。

私たちがやりかねないのはそれだけではありません。データをさまざまな方法で分割するのです。たとえば、テストの点数に加えて、どれだけ早く書き終えるかや、手書き文字がどれだけ美しいかについても測定しておきます。もし本書を読んだ人の点数が読んでいない人より高くなかったとしても、テストを早く書き終えたかで見ればよい。それでも何も見つからなかったとしても、手書き文字が上達したかで見ればよいのです。あるいは、極端な解答を〝外れ値〟として削除することもできます。さまざまなデータを取り、それらをさまざまな方法で組み合わせたり、またはデータに細かい、合理的に見えそうな調整を施したりすることで、偶然〝何か〟を見つけられるかもしれないのです。

冒頭に紹介した、男性は女性に良い印象を与えようとしてより多く食べるという記事に戻りましょう。この研究の筆頭著者であるワンシンクが２０１６年末に自身のブログに書いたことが[8]、彼のキャリアを貶めることになりました。それは「決して「ノー」と言わない大学院生」というブログ記事でした。

ワンシンクが書いたのは、彼の研究室に新しく入ったトルコ人大学院生についてでした。その大学院生は〝自己資金で行った、結果ゼロの失敗した研究（食べ放題のイタリア料理店のブッフェで、何人かの料金を半額にした1カ月間の研究）のデータセット〟をワンシンクに渡しました。ワンシンクは「救えるデータがあるかもしれない」からデータを分析するよう彼女に指示しました。

ワンシンクに促されて、その大学院生は1ダースもの異なる方法でデータを再解析し、そして――あなたはもう驚かないでしょうが――多くの事象の関連を見いだしました。本書を読むことに関する私たちの仮想研究とまったく同じ要領で、$p<0.05$ という結果が出るまで好きなだけデータを切り刻んだのです。彼女とワンシンクはこのデータを使って5本の論文を発表し、その中に〝女性に好印象を与えるための男性の食行動〟の研究もありました。その研究では、ピザを多く食べることに関しては $p=0.02$、サラダに関しては $p=0.04$ でした。

しかしこのブログ記事に対して、科学者が赤信号を灯しました。このような行動は、論文発表が可能な $p<0.05$ を出そうとしてデータをいじる行為、〝p値ハッキング〟として知られています。研究の方法論に精通した研究者が、ワンシンクの過去の仕事を調べ直しました。そしてある情報源が、「バズフィード」の科学ジャーナリストであるステファニ

ー・M・リーに宛てたワンシンクの電子メールを暴露したのです。それによって、ワンシンクが大学院生に対して、データを〝男性、女性、ランチに行く人、ディナーに行く人、1人で食べる人、2人で食べる人、3人以上で食べる人、お酒をオーダーする人、ソフトドリンクをオーダーする人、ブッフェの近くの席の人、遠くの席の人、などなど〟に分けて分析するよう指示したことがばれてしまいました[9]。

ワンシンクの過去の論文でも別の方法上の問題が見つかりました。そして他の電子メールから、ワンシンクがいい加減な統計処理をしていたことが判明しました。その1つで彼は「ここからもっと多くが得られるに違いない……有意差を出していいストーリーにできるようデータを掘り返すのがいいと思う[10]」と示唆しています。彼はこの研究が〝ウイルス感染のように大きく広がっていく〟ことを望んでいました。

これは劇的な例でした。しかし、それほど劇的ではない形でのp値ハッキングは常に起こっています。ふつうは、悪気はありません。論文発表のために$p<0.05$が欲しくてたまらない研究者は、試験を繰り返したり、データを再解析したりしてしまいます。心理学や他の領域における多くの重要な発見が、他の研究者が追試しようとしてもできなかったという、〝再現性の危機〟について聞いたことはないでしょうか。これは、この問題についてきちんと理解していない科学者の落ち度によるもので、そんなことをしたら研究に意味

がなくなってしまうことを知らずに、統計学的に有意な結果が出るまでデータを切り刻んだり実験をやり直したりし続けたのです。これについては第15章「目新しさの要求」で、さらに述べたいと思います。

ワンシンクのやったことを明るみに出すのに、誠実で統計学の素養のある研究者と経験豊富な科学ジャーナリストが、何カ月もかけて精査しました。科学ジャーナリストはたいていの場合、プレスリリースからさくっとニュース記事を書いています。彼らは通常データセットを持っていませんし、仮に持っていたとしてもp値ハッキングを見破れるようにはならないでしょう。そのうえ、不公平なことに、p値ハッキングした研究には有利な点があります。なぜなら、真実である必要がないのなら、研究をよりエキサイティングなものにするのは簡単だからです。そのためニュースにずっと登場しやすいのです。

ニュース記事で、読者がこうした問題を簡単に見つける方法はありません。しかし、単に何かが〝統計学的に有意（significant）〟だからといって、〝実際に重要（significant）〟という意味ではありませんし、それが真実であるという意味ですらないということは、覚えておくとよいでしょう。

第6章　効果量（エフェクトサイズ）

ケータイやタブレットの画面を見ている時間について、私たちはどのくらい怖がるべきでしょうか？　ここ数年、ありとあらゆる種類の大げさな言いがかりがありました——特にひどいのは、「iPhoneはある世代を破壊した」[1]とか、「女子にとってソーシャルメディアは実際のところヘロインより有害」[2]（この主張はその後削除されました）など。この分野の研究はごちゃごちゃしていて分かりにくく、良いデータを取ることや関連性がないのにあると言ってしまわないようにするのが難しいために行き詰まっています。ただし、もっとも厳密な科学によれば、そうした関連性はほとんどないとされていますが[3]。

とはいえ、画面を見ている時間と睡眠との関連は、大きな注目を集めている分野です。2014年の「ベッドに入る前に電子書籍を読むのは自殺行為」[4]という記事の見出しは、取り乱したというよりもはや悲鳴のようでした。この記事は「米国科学アカデミー紀要」［アメリカのトップ科学誌］に発表された研究[5]に基づいていました。

この研究のアイデアは、睡眠不足は健康に悪いというシンプルなもので、明るい画面で読書をすると睡眠時間が減ることを見いだしました。それゆえ、このニュース記事では、明るい画面で読書するのは自殺行為かもしれない、としたのです。

まず確認しておきましょう。この研究では確かに、画面の使用時間は睡眠時間と関連することを発見しています。研究の参加者は、ある晩は寝る前に電子書籍を読み、別の晩は一般的な印刷された本を読むよう指示されました（どちらを先に読むかが結果に与える影響を考慮して、読む順番はランダム化されました。つまり、何人かは印刷された本を先に、何人かは電子書籍を先に読みました）。

その結果、〝統計学的に有意〟な結果――$p<0.01$が得られました。第5章を思い出してもらいたいのですが、これは、効果がまったくないという仮定の下で、同じ実験を100回行ったら、これほど極端な結果が出るのは1回未満であることを意味します。これは非常に小規模の研究――たった12人――だったので、第3章で見たように、おかしな結果になることもあると説明していました。しかし時には、少数例の研究であっても、注意して扱う限り、研究の道筋の可能性を示すという意味で有用なこともあります。

しかしながら、第5章も思い出してほしいのですが、〝統計学的に有意〟とは〝意味がある〟ということではありません。もしある結果が統計学的に有意なら、それが真実である可能性がかなり高いということを意味しているだけです。他にも考える必要があるのは効果量［エフェクトサイズ］です。都合のよいことに、〝統計学的に有意〟とは異なり、効果量とは文字通り、効果の大きさという意味です。

これもまた本の話なので、第5章の、本書の読者を対象とした想像上の実験に戻りましょう。今度は、ちょっと違ったことをします。『ニュースの数字をどう読むか』を読んだ500人と、本書より劣る本、たとえば『ミドルマーチ』［ジョージ・エリオットの代表作であり、イギリス小説の最高峰とも言われている］または『シェイクスピア全集』を読んだ500人を比較します。そして、統計の能力に対する効果を測る代わりに、何時に眠りについたかを測り、どちらがより遅くまで起きていたかを調べます。

結果を見れば明らかです。『ニュースの数字をどう読むか』を読んだ500人全員が、他方を読んだ500人より遅く眠りにつきました。

これは疑いなく統計学的に有意な結果でしょう。差がどのくらいあったか知らなくても、これが偶然でない確率は天文学的に高く、宇宙に存在する原子の数よりずっと大きいでしょう。研究がきちんと行われていれば、実際に影響（効果）がないわけがありません。

さて今度は、その効果がどのくらい大きいかを考えてみましょう。『ニュースの数字をどう読むか』を読んだ500人全員が、ちょうど1分だけ遅く眠りにつきました。

これが実際の効果です。統計学的に有意です。でもあなたの生活にはまったく無意味です。もしあなたが睡眠の改善方法に関する情報を得ようとしているのなら、何の役にも立ちません。

何かが統計学的に有意かどうかは、科学者にとっては大きな関心事です。何かが別の何かと関連することが分かったら、その関連性を調べることができますし、背景にあるメカニズムについても何かが分かるかもしれません。たとえば、もし画面を見る時間が睡眠に与える効果が実際にあるなら、たとえそれがわずかであっても、人間のサーカディアンリズムがどのように働くのか——ブルーライトは私たちの体内時計のリセットに役立つのか——について何かを教えてくれるかもしれません。この線で研究を続けると興味深い発見につながる可能性があります。そして、時には小さな効果であっても重要です。自転車競技のチームは、1マイル当たりのタイムを1000分の1秒削るために、より完璧なコース取りを何とかして探そうとするでしょう。その差は、金メダルと銀メダルを分けるのに十分なはずです。チームドクターが喘息薬の処方も十分行っているのであれば、なおさらです。

とはいえ、本書の読者——世界を解明しようとし、遭遇するリスクや困難をどうやって舵取りしていくかを理解しようとしている人です——としては、2つのことがらの間に統計学的に有意な関連があるかどうかは、それ自体では知的な興味をひきません。たとえば、ベッドサイドの照明を消してパートナーが眠れるように、就寝時は印刷した本の代わりにキンドルを使いたいと思うかもしれません。関連を見つけられるかどうかは大して気になりません。気になるのは、その関連がどのくらい大きいかです。

就寝前に画面で読書することの効果はどのくらい大きいのでしょうか？　まあ、ほんのわずかです。さきほどの研究の参加者は、就寝の4時間前（4時間ですよ！）に、紙の書籍または電子書籍を読むよう指示されました。そして、「ベッドに入る前に電子書籍を読むのは自殺行為」の短い記事ではほとんど触れられていませんでしたが、電子書籍を読んだ晩は、被験者は寝るのが平均して10分遅かったのです。それが毎晩のことなら、睡眠時間が10分減るのは問題かもしれませんが、毎晩ベッドで4時間も本を読む人がどこにいるでしょうか？

興味深いことに、後に、若者対象のずっと規模の大きな研究で、ほとんど同じ結果が得られました。ケータイやタブレットの画面の使用と睡眠との間には関連がありますが、それはわずかで、画面を1時間余計に見ると睡眠時間が3～8分減りました(6)。こう書くと、ばらつきが大きいことが見えにくいかもしれません――おそらく、子どもやティーンエイジャーのほとんどは影響を受けませんが、非常に大きな影響を受ける人が少数いるのでしょう。しかし、就寝前にケータイやタブレットの使用を禁止しても、国民全体の睡眠習慣が大きく改善するとは思えません。

新聞やメディアが、統計学的有意だけでなく効果量についても関心を持つようになればうれしく思います。技術的に細かいことにまで立ち入る必要はなく、単に「4時間の読書は、睡眠時間の約10分の短縮と関連があった」と言ってくれれば、気にすべきかどうかを読者が判断するのに必要な情報を提供できるはずです。そして読者は、関連性（ベーコンを食べるとがんになるか？）だけでなく、その関連がどのくらい大きいのか（もし20年間にわたって毎日ベーコンを食べたとしたら、がんになる可能性がどのくらい増えるのか？）にも注意を向けるべきです。もし記事の中にその点について何も書かれていないようなら、もっともありそうな理由は、その効果は非常に小さく、その記事は見かけほど面白くないから、です。

第7章　交絡因子

ここ数年、電子タバコに関して多くの論争があります。タバコ反対派やがんのチャリティー団体のほとんどは、電子タバコは禁煙するのに良い方法だと考えていますが、有害であるとか、かえってタバコを手に取るきっかけになると考える人もいます。2019年には、電子タバコを吸う子どもはマリファナを吸う可能性が高いと報道されました。(1)

この報道は、「JAMA小児科版」という学術誌に発表された論文に基づくもので、既存の21本の論文の結果を統合したものです。(2)先行研究をまとめるこのような論文は、メタアナリシス（メタ解析）と言われています。このメタアナリシスで、12〜17歳の電子タバコ使用者はマリファナを吸う可能性が約3倍高いことが判明したのです。

前の章で、効果量（エフェクトサイズ）についてお話ししたところです。そして、3倍とはとても大きく聞こえます。次の章では因果関係を証明することの難しさについてお話ししますが、これは確かに気掛かりな結果のようです。

しかし、ある2つ――この場合は電子タバコとマリファナ――に強い関連があるという場合に、注意しなければならないことが他にもあります。それは、両方に関連する別の何かがあるのではないか？　ということです。この別の何かのことを〝交絡因子〟と呼びます。

話によくついて来られない人のために、例を挙げましょう。毎年世界中で肥満のために死ぬ人の割合は、毎年の二酸化炭素の排出量と関連があります(3)。

ということは、二酸化炭素は人間を太らせるのでしょうか？　たぶん違いますよね。そうではなく、起こっていそうなのは、世界がより裕福になっているということ、そして、人々は裕福になればなるほど、高カロリーの食べ物や、車や電化製品といった二酸化炭素を排出する商品に、より多くのお金を使うようになるということです。この点を考慮すると、二酸化炭素排出量と肥満の関連はたぶん消失します。第三の変数であるGDPが、この2つの関連のほとんどを説明してくれます。

もう1つの古典的な例は、アイスクリームと溺死です。アイスクリームがよく売れる日は溺死が増えます。しかしアイスクリームが人間を溺れさせたりしないのは明らかです。そうではなく、暑い日にはアイスがおいしいのでアイスクリームがよく売れ、同様に、暑い日には泳ぐのも楽しいので、なかには運悪く溺れる人も出てきます。気温で調整［アジャスト」（コントロールともいう）すると、この関連は消失します。つまり、アイスクリームの売上と溺死の関連を、寒い日だけ、あるいは暑い日だけに絞って見てみると、関連は見られません。

この点は効果量を論じるときに重要です。ある変数が別の変数と強く関連しているように見える（たとえば電子タバコとマリファナのように）としても、この効果が実際にあるのか、それとも実際には他の変数（何らかの〝交絡因子〟）によるのかを見きわめるのは、じつは難しいのです。

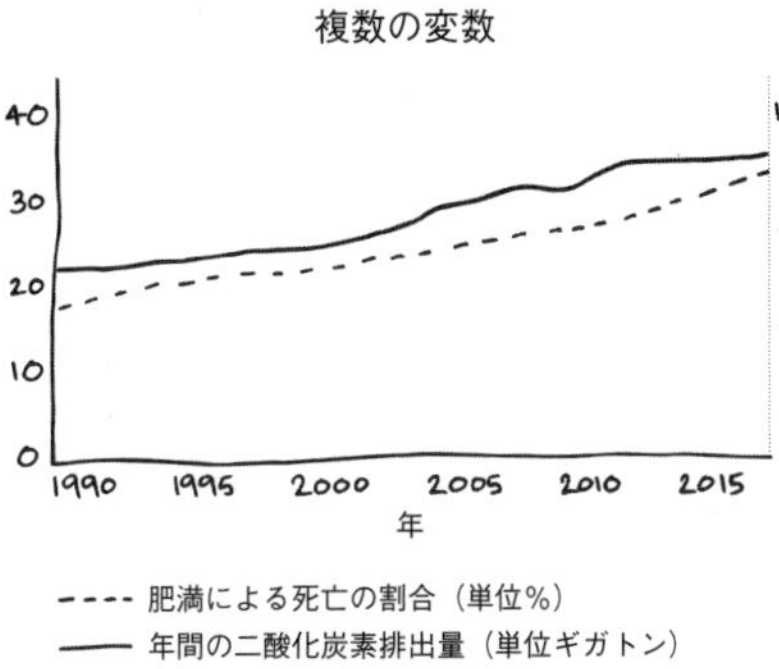

電子タバコのメタアナリシスが取り上げた研究は、ありそうな交絡因子――年齢、性別、人種、親の教育レベル、喫煙、ドラッグの使用――で調整していましたが、調整の仕方は論文によって異なっていました。そして、いくつかの論文では他より強い関連が見られました。たとえば性別、人種、学年で調整した論文では、ものすごく大きな関連が見られました。電子タバコ使用者は非使用者に比べて、マリファナを吸う可能性が約10倍高かっ

たのです。[4]

しかし、ほとんどの研究で考慮されていなかった、可能性のある交絡因子がもう1つあります。ティーンエイジャーは普通、私たち年配者よりも、リスキーな行動を取ってエキサイトしたがります。かつてティーンエイジャーだった私たち年配者も、今となってはやりたいとは夢にも思わないような、率直に言ってバカげたことをした記憶があるはずです。[5]そして、マリファナと電子タバコはどちらも〝リスキーな行動〟です。

そしてもちろん、ティーンエイジャーは誰もが同じではありません。他の人よりリスクを取りたがらない人もいます。電子タバコを吸う人は、タバコを吸ったり酒を飲んだりドラッグをやったりする可能性が高い。これに驚く人は誰もいません。

興味深いことに、メタアナリシス論文で取り上げられた研究のうち2つでは、この種のことを検討していました。〝興奮を求める〟性格、言い換えれば〝刺激、興奮、新奇な体験に対する欲望〟と定義される性格で調整していたのです。[6]興奮を求める尺度（アンケート調査で決定）で高得点の人は、リスキーなスポーツ、高速での運転、酒やドラッグで快楽にふけることに関心がある傾向にあります（驚くべきことではありませんが、興奮を求める性格は10代および20代前半にピークがあり、男性のほうが女性より高いです）。

電子タバコとマリファナ使用の関連を検討する際に、興奮を求める性格を考慮に入れたこれらの研究では、他の研究とは結果が異なっていました。うち1つでは[7]、関連は他のほとんどの研究よりずっと低く、1・9倍でした。もう1つではまったく関連が見られませんでした[8]（実際には、むしろやや減少）。おそらくは、この興奮を求める性格で調整しようとしたことが、他の研究に比べて結果がこんなに小さかった理由の一部でしょう。

ありそうな交絡因子で調整することにより、〝真の〟効果量に近づくことができます。ただし、正しい因子で調整したか、何かを見逃してしまったのではないか、あるいは——第21章で「合流点バイアス」について議論しますが——調整すべきでない因子で調整してしまったのではないか、について確信を持つに至るのは困難です。複雑で難しいことなのです。

電子タバコとマリファナの使用にまったく関連がないと言っているわけではありません。ありそうなストーリーはこうです。論文の著者は、ニコチンは脳の発達に影響し、実際に、より多くの興奮を求めるようになると示唆しています。まあそれはたぶん正しいのでしょう。もっとも、その効果はあり得ないほど大きいようにも思えます。むしろ興奮を求める性格の生まれつきの違いと関連していそうです。

ともかく、一般的なルールとしては、XがYと関連すると言っているニュース記事に接したら、必ずしもXがYの原因であるとか、その逆であるとか思わなくてもよいということとです。その両方の原因となる隠れたZがあるかもしれませんから。

コラム❸回帰分析

あなたは以前に、〝統計上の回帰〟というフレーズを聞いたことがあるかもしれません。専門用語のように聞こえますが、考え方はかなりシンプルです。

あなたは、身長と体重に関連があるか調べたいと考えているとしましょう。そこで、集団から大規模かつランダムに選んだサンプルを取ってきて、身長と体重を測定し、グラフ化します。身長をX軸、体重をY軸として各人をプロットします――つまり、背の高い人は右のほうに、体重が重い人は上のほうになります。身長がとても低くて体重が軽い人は左下に位置し、身長がとても高くて体重が重い人は右上に位置します。

完成したグラフを見て、明らかなパターンがあるかどうかを検討します。今回のデータは上向きに傾斜していました（背が高い人ほど、たぶん体重も重い）。これが〝正の相関〟――片方の値が上がればもう片方も上がる――と呼ばれるものです。もし、片方の値が上がれば他方が下がるのなら〝負の相関〟と言います。もし、点がばらばらに位置しており明らかな傾向が見られなければ、相関関係がないと言います。

さて、この傾向を示すためにデータに線を引きたいとしましょう。どうすればよいでしょうか？　目分量でも描けますし、それでもたぶんかなりうまくできるでしょう。しかし、〝最小二乗法〟という、数学的により精密な方法があります。

　グラフ上に直線を描くとします。直線と重なる点もあるでしょうが、ほとんどの点は線の上か下にあるはずです。直線とそれぞれの点との垂直距離は〝誤差〟または〝残差〟と言います。それぞれの残差の値を測り、その値を二乗して（同じ値を掛ければ常に正の値になるので、残差が負の値になるという問題を回避できます）、すべて足し合わせます。その値を〝残差平方和〟と言います。

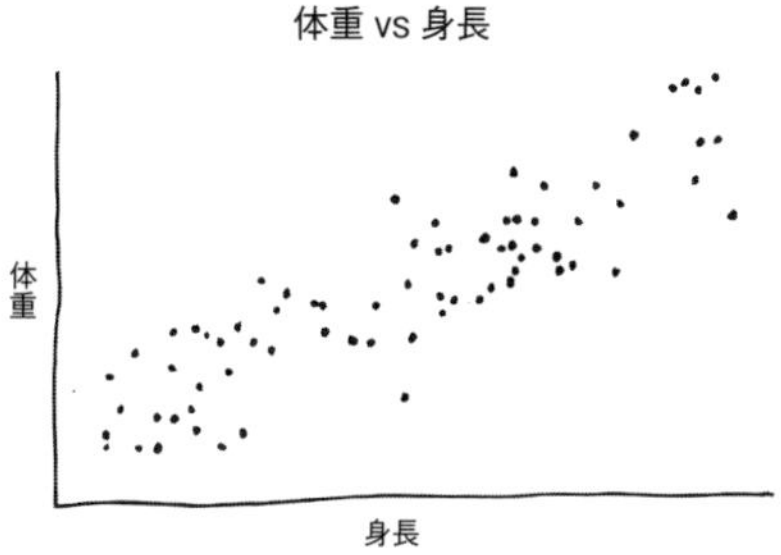

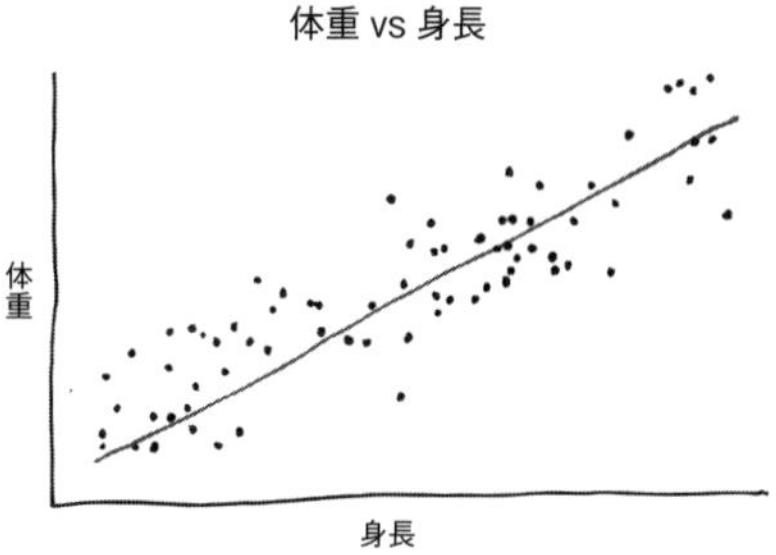

　残差平方和が最小になるように描いた線が〝回帰直線（line of best fit）〟です。上の図が下の図のようになります。

　この直線があれば予測ができます。そして、残差（残差平方和）が少なければ少ないほど、よりよい予測になります。新たに誰かの身長と体重を測ってプロットしたら、この直線上かその近くに位置すると期待できるでしょう。あるいは、もし誰かの身長が分かっていたとしたら、その人の体重を予測できます。たとえば、身長が5フィート9インチ［約175センチメートル］の人なら、この直線を見るだけで体重は12ストーン［約76・2キログラム］と予測できます（逆もまたしかりで、体重を知っていれば身長を推測できます。ただこの場合は水平方向の誤差を測り、別の線を描く必要があります。ここではおそらくそこまで深入りする必要はないでしょう）。

ただし、もし身長のデータしかなければ、おそらく、体重についてそこまで正確な予測ができるわけではないということは気に留めておくべきでしょう。他の情報――どのくらい運動をするか、どのくらいお酒を飲むか、パイを1週間にいくつ食べるか――があれば、それらは体重を予測するのに役立つでしょう。こうした変数を加えれば、身長が体重に与える真の影響について、より良い予測図が得られるでしょう。これが、この章でお話ししている、他の変数で〝調整〟するということです。交絡因子で調整しなければ、結局は、関連性を過剰に（または過少に）評価するか、あるいは実際には存在しない見かけの関連性を見つけてしまうことになります。

第8章

因果関係

コークを飲むと殴り合いのけんかをしてしまう？　冷たいファンタを飲み干した後はそのコップを誰かに投げつけたいという衝動が抑えきれなくなる？

2011年のある記事の見出しによれば、どうやらそうなる人もいるようです。おそるべき〝若者〟です。「デイリー・テレグラフ」[1]は「炭酸飲料はティーンエイジャーを暴力的にする」と書き、「タイムス」[2]も真似をして「炭酸飲料はティーンエイジャーをより暴力的にする、と研究者は言う」と書きました。

こうした記事の見出しは、「傷害予防」という学術誌に掲載されたある研究[3]に基づいていました。その研究では、「缶入りソフトドリンクを1週間に5本以上飲んだ若者は（中略）武器を持ち歩いたり、友人、家族、付き合っている人に暴力をふるったりする可能性が有意に高かった」――実際には10パーセントほど高いことが分かりました。

しかし、ここで使用されている言葉に注目すべきです。「傷害予防」の研究は、コークを飲む人は暴力的である可能性が高いという表現を使っています。一方、新聞は、炭酸飲料がティーンエイジャーを暴力的にすると書いていました。

ここに重要な違いがあります。この研究では、前のいくつかの章で述べたような、片方の変数が上昇すれば他方も上昇するといった関連性を見いだしています。しかし、既に見てきたように、それは必ずしも、片方の上昇が他方の上昇の原因であることを意味しません。環境中の二酸化酸素があなたを肥満にするとか、アイスクリームの売上が溺死を引き起こす、ということではなかったように。

新聞では因果関係を示す言葉を使っています。炭酸飲料が「ティーンエイジャーを暴力的にする」――つまり炭酸飲料が原因だと言っています。さらに言えば、炭酸飲料を飲まなければ暴力を止められる、とも読めます。

これまで見てきたように、ある関連が直接的かどうかを判断することすら非常に難しいのです。たとえば、他の要因を考慮に入れた場合、アイスクリームの売上は本当に溺死と関連しているのか、それとも、アイスクリームと溺死の両方が気温という別の要因と関連しているのか、というように。しかし多くの場合、私たちが知りたいのはそんなことではありません。片方が他方の原因かどうかを知りたいのです。それにはどうすればよいのでしょうか？

ここまで見てきた研究のほとんどは観察研究、つまり、起きていることをありのままに見るタイプの研究でした。二酸化炭素と肥満の例であれば、環境中の二酸化炭素レベルがどのように変化したかを見て、同時に、肥満による死亡がどのように変化したかを見れば、その両方が上昇していることに気づきます。

問題は、だからといって、二酸化炭素が肥満（または肥満による死亡）の原因とは言えない――実際にはあり得ない――点です。もしかしたら、肥満レベルの上昇が二酸化炭素を上昇させているのかもしれません。あるいは（こちらのほうがありそうですが）、何らかの交絡因子が存在するのかもしれません。おそらくは前の章で述べたように、国が裕福になるにつれて、人々がより太り、同時により多くの二酸化炭素を排出するのでしょう。

このような観察研究で、何かが何かの原因であると言うためには、いくつか条件があります。たとえば、原因は通常、結果より前に起こっていなければなりません。もし肥満が上昇するより前に二酸化炭素レベルが上昇しているなら、「肥満が二酸化炭素排出を引き起こす」という仮説はたぶん否定されるでしょう。それとは別に、用量反応性――原因と考えられるものが増えれば増えるほど、結果も増える――も検討すべきです。そしてもちろん、片方が他方の原因であると信じるに足る理論的な理由があることも重要です。濡れた歩道は雨雲と関連があるという場合、原因から結果への矢印を説明するのは非常に簡単ですが、逆向きの矢印が真実かどうかを説明するのはかなり困難です。

とはいえ、圧倒的に明々白々な場合でもないかぎり、観察研究で因果関係を確立するのは常に困難です。雨が濡れた歩道の原因であるとか、より関連性の高い例で言えば喫煙が肺がんの原因であるといった、原因が結果より前に起こっており、明らかな用量反応性があり、明らかな理論的説明があり、さらにその効果が非常に大きいために無視できない、というものでもなければ。では、片方が他方の原因かどうか、どうやって明らかにすればよいのでしょうか？

理想的には、ランダム化比較試験（randomized controlled trial 略してRCT）と呼ばれる手法を使います。

RCTの基本的な考え方はこうです。前に取り上げた、本書を読めば統計が得意になるかどうかを調べるという例を使いましょう。ただし今回は、たまたま本書を読んだ人をただ観察するのではなく、本書を意図的に与えるのです。ある集団（たとえば1000人）を連れてきて、全員に統計のテストをします。それから彼らをランダムに2群に分けます。片方の群には本書を渡して読むように指示し、他方には、中身は似ているけれども統計部分はすべて誤りであるプラセボの本を渡します（本書にもし誤記を見つけたら、あなたが手にしているのはプラセボ版かもしれません）。

両群が本を読み終わった後に、もう一度統計のテストをして、どちらかの群、あるいは両群で平均点が上がったかどうかを調べます。もし『ニュースの数字をどう読むか』が統計の能力を高めるとしたら、本書を読んだ群のほうが平均して良い成績であることが期待できます。

ここで対照群［ここでは本書を読む群が「介入」群で、比較相手であるプラセボの本を読む群が「対照」群］は、〝反事実〟を提供します。つまり、決して体験できない別の世界、オルタナティブな世界を垣間見させてくれます［本書を読むかプラセボ本を読むかは二者択一であり、本書を読みつつプラセボ本を読むことはあり得ない］。本書を読む前後でテストの成績が良くなったとしても、それは、本書のおかげかもしれませんが、それと同じくらい、全員が同時にオンライン学習をしていたおかげかもしれません。あるいは、どんな本であっても本を読むこと自体が統計の能力を高めるのかもしれません。さらには研究対象にされるだけで人の行動が変わることも知られています。(*) そのため対照群を設けて、もし本書を読まなければどうなるかを調べるのです。

＊これは研究における問題であり、実際にそんな効果があるかどうか一部議論はありますが〝ホーソン効果〟と呼ばれています。1924～27年に、イリノイ州のホーソン・ワークス工場で、労働者を対象にした研究が行われました。この研究では、工場の照明を明るくすると生産性が高まるかどうかを調べようとしていました。有名な説明によ

ると、この研究によって、文字通りどんな変化であっても——明るくしようが暗くしようが——変化があれば結果が良くなることが分かりました。しかし、原データは長らく行方不明で、発見され解析し直したところ、そんな効果は見つかりませんでした。他の研究でホーソン効果があったと主張する人もいますが、いまだに議論があります。

もちろん、常にRCTができるとは限りません。実際的でなかったり、倫理的でなかったりするからです。たとえば、喫煙が小児に与える影響を調べるために、小児500人には「エンバシーNo・1」［イギリスのタバコの銘柄］を1日当たり1箱、10年間与えて、対照群と比較するといった研究は行えません（ひどすぎます）。また、戦争が経済に与える影響を調べるために、ランダムに選んできた国で戦争を始めることもできません。その代わりに〝自然〟実験——何か別の理由で各群がランダムに分かれている場所で起きたことを調べる——ができるところを探すことはできます［2021年のノーベル経済学賞は、自然実験を通じて、最低賃金と雇用の関係など実社会における因果関係を推定する研究を精力的に行ったカリフォルニア大学バークレー校のデイヴィッド・カード氏ら3人に贈られた］。

たとえば、ある有名な研究では、軍隊への入隊が生涯賃金に与える効果を調べようとしました。とはいえ、軍隊に入る人々は、入らない人々とは異なっているので、単純比較はできません。(4) しかし（少なくとも研究者にとって）幸運なことに、ベトナム戦争中の1970年に、アメリカ軍は徴兵を開始しました。兵士はくじ引きで選ばれました——文字通り、ビンゴマシンのような機械からボールを取り出す様子がテレビ中継されました。それによって、あたかも治療群（徴兵された男性）と対照群（徴兵されなかった男性）のような群分けができました。その研究では、徴兵された男性は徴兵されなかった男性に比べて、生涯賃金が平均して15パーセント低かったことが見いだされました。

しかしほとんどの観察研究は、RCTではなく、ランダム化、または準ランダム化された自然実験でもありません。ほとんどの観察研究は、2つかそれ以上の数字が同時に上がったり下がったりする傾向があるかどうかを示すだけです。関連は示せるかもしれませんが因果関係は分かりません。そして、ソーシャルメディアで知識をひけらかす輩が教えてくれている通り、それらは同じではないのです。

ですがこの点は、新聞記事では必ずしも明確ではありません。この点に関するある論文では、77の観察研究（RCTではなく、因果関係を示すことはできない）がどのように報道されていたかを調べたところ、ほぼ半数で因果関係があるかのような表現で報じていたことが分かりました。(5) つまり、研究では関連を示しただけで因果関係ではなかったのに、見出しは「幼稚園でのお昼寝は学習能力を高めるのに役立つ」でした。

炭酸飲料に戻りましょう。今度は、これが観察研究だったと知っても驚かないでしょう。

ティーンエイジャー500人にアイアンブルー、別の500人にダイエットライビーナ［ともにイギリスの炭酸飲料］を与えて、どちらがより多くバス停で人を刺すかを比較した、というわけではありません。そうではなく、ティーンエイジャーが炭酸飲料を飲んだ量と、暴力事件を起こした件数に関連があるかどうかを見ただけでした。

そのため、炭酸飲料が暴力の原因になるのか、あるいは暴力が炭酸飲料の原因になるのか（ちょっとありそうもないことは分かっていますが、路上でけんかをすると喉が渇くこともあるかもしれません）、あるいは――第7章で見たように――その両方に関連のある何か他の変数があるのか、それは分かりません。この研究では多くの変数で調整したと言っていますが、著者自身も「直接的な因果関係があるかもしれない」が、同時に「今回の分析では考慮されなかった、ソフトドリンクの消費量と攻撃性の両方の原因となる他の要因があるかもしれない」と示唆しています。彼らは実際、性別、年齢、アルコール消費量などさまざまな要因で調整していましたが、それでもなお、因果関係を示すことはできません。研究それ自体がそのような主張をしていないのであれば、記事の見出しのように、炭酸飲料が暴力を引き起こすと結論づけてはいけないのは当然です。

すべてのRCTが完璧だと言っているのではありません――RCTを台無しにする多くの実務上の問題がありますし、RCT自体にも多くの問題があります。しかしそうであっても、RCTは因果関係を証明するもっとも良い方法なのです。

読者の皆さんに、単純なルールをお教えしましょう。ニュースに出てくる研究がRCTではない場合、どのような因果関係を主張していたとしても、大いに疑ってかかるべきです。因果関係があると考える、すばらしい理由があるのかもしれません。しかし、何らかのランダム化がなされていないのであれば、その研究はおそらく因果関係を主張することはできません。

コラム❹操作変数法

観察研究で因果関係を確立するために、研究者が〝操作変数法〟という賢いトリックを使うことがあります。たとえばあなたが経済学者で、アフリカにおいて戦争が経済成長に与えるインパクトを研究しようとしているとしましょう。紛争が起きると、貿易、投資、ビジネスが滞り、経済成長を遅らせる可能性があるのは明らかです。しかしそれだけではありません。経済成長が遅れること自体が、紛争の可能性を高めることもあり得ます。多くの人が失業して怒りだすと、国全体に暴力のリスクが高まることは大いに考えられます。

そこで、戦争と経済破綻が手に手を取って起こっているように見える場合、どちらがどちらの原因であるかをどうすれば知ることができるでしょうか？

もしあなたが、ＡがＢの原因と考えており、でも実際にはＢが（またはＢも）Ａの原因であることが分かった場合、それを〝逆の因果関係〟と言います。もちろんもっと複雑かもしれません。つまり、ＡがＢの原因で、今度は逆向きのループでＢがＡの原因のこともあります。暴力と経済成長のケースはそうかもしれないと想像できます――そして、もしそうなら、あたかも交絡因子のように、測定値を狂わせてしまいます。

では、因果関係の矢印の方向をどうやって決めればよいのでしょうか、Ａ→Ｂ、それともＢ→Ａ、あるいはループ？　１つの方法は、操作変数――関心のあることの片方と関連しているが、もう片方とは関連していない何か――を使うことです。戦争と経済成長のケースであれば、そんな変数は降雨です。

経済成長の遅れが戦争につながるかを検討した２００４年のある研究[6]によれば、経済が５パーセント縮小すると、翌年に戦争が起きる可能性が12パーセント高まることが分かりました。しかし研究者は、戦争が経済衰退の後で起こったとしても、それをもって因果関係の証明にはならないと書いています。緊張が高まっていることに気づいた市民が行動を変え、経済が縮小することもあり得るからです。

そこで注目したのが降雨でした。奇妙に聞こえるかもしれませんが、干魃が大災害を招く農業中心の経済では、降雨は経済成長と強く結びついています。平均降雨量が多いほど、経済成長も大きいのです。ここでの仮説は、降雨は、経済への影響を除けば、戦争との強いつながりはないということです。つまり、降雨量が増えた年で戦争が少なければ、経済状況が実際に紛争の起きやすさに影響していることになります。なぜなら、雨は経済を通してのみ戦争に影響を与えるのですから。

驚くなかれ、この研究によって、戦争の数は降雨量の多い年で少なく、したがって、経済が紛争に影響していることが示唆されました。

すべてでそうであるように、もちろん実際はもう少し複雑です。一方に影響するが他方には影響しない操作変数を見つけようとしても、本当にそうなのかを確認するのは困難です。この例でも、別の経済学者が、大雨で道があふれれば戦争を遂行するのは難しいと指摘しています。(7) 研究者はこの点を説明しようとしましたが、できたかどうかは明らかではありません。この問題は複雑なのです。多くの学者が、単に関連性を見つけようとしているときですら、操作変数を間違えて研究結果を台無しにしています。(8)

第9章　それは大きな数ですか？

２０１６年前半のある時期、バスの車体側面に書かれていた数字のことを、あなたは覚えているかもしれません。３億５０００万ポンド［約５２５億円］という、すごく大きな数字でした。私たちはそれだけの額を、毎週ＥＵに拠出していたようなのです。バスは「そのお金をＮＨＳに回そう」と呼びかけていました。

心配ご無用、「その数字は事実だったのか」問題を蒸し返すつもりはありません［２０１６年のＥＵ離脱の是非を問う国民投票で、離脱派はＥＵへの拠出金をＮＨＳに回そうと訴えて勝利したが、後に拠出金の額は誤りであることが判明した］。数々のファクトチェック機関(1)やイギリス統計院(2)は、実際の額は２億５０００万ポンド程度であったと認めており、しかも払い戻しがあるため約１億ポンドは実際には国庫から出ることはありませんでした。さらに、私たちは貿易でそれよりずっとたくさん稼いでいたわけですが、それはここでは特に重要ではありません。そうではなく、私たちが議論しようとしているのは、それが大きな数なのか、ということです。

ある数字が大きな数字になるのはいつなのか？　実際にはそんな決まりはありません。というか、数字が大きいか大きくないかは、まったくもって文脈によります。100は、あなたの家に招く人数としては大きいですが、銀河系の星の数としては小さいです。2は、あなたの頭に生えている髪の毛の数としては小さいですが、生涯にもらうノーベル賞の数や、腹部に残る銃創の数としては大きいです。

ですが、ニュースに出てくる数字は、しばしば、それが大きな数字かどうかを判断するのに必要な文脈抜きで示されます。ここでもっとも重要な文脈とは〝分母〟です。

分母とは、分数で下に来る数字のことで、3／4なら4、5／8なら8です（分数の上に来る数字は〝分子〟）。学校の数学の授業以外ではあまり必要ない用語かもしれませんが、ニュースの数字を理解するときには生命線です。その数字が大きいかどうかを考える際に大きな部分を占めるのは、もっとも良い分母は何かを考えることです。

例を見てみましょう。1993年から2017年に、ロンドンでは361人の自転車乗りが路上で死亡しました。(3)　これは大きい数字でしょうか？　とても大きく聞こえます。でも分母は何でしょうか？　25年間で計361人が自転車走行中に悲劇に遭いましたが、自転車走行は実際のところ、計何回あったのでしょうか？　分数の下半分を知っていれば、自転車に乗るときの実際のリスクがより理解できるはずです。

　おそらくそんな情報はほぼ手に入りませんが、知ることができると仮定しましょう。推測してみてください。ロンドンでは１９９３年から２０１７年の間に自転車走行が１日平均だいたい何回だったと思いますか？

　私たちが４０００回だったと伝えたとしましょう。その場合、問題の期間中に約３６５０万回になり、約10万回に１人が死亡するのと同義です。

　４万回だったと伝えたらどうでしょうか。その場合、約１００万回に１人が死亡するという意味になります。

　実際には毎日40万回だったと伝えたらどうでしょう。その場合、死亡は約１０００万回に１人です。

　これらのうちどれが正しいのでしょうか？　それが分からなければ、ヘルメットをかぶらずにロンドンの路上を自転車で走行する人のリスクは分からないのです。その数字（３６１人）がどのくらい大きいのか、文脈のない、孤立した数字では分かりません。だから、分母を知ることが非常に重要なのです。

　惨めなあなたを救ってあげましょう。ロンドン交通局によると、その期間、実際の数字は１日当たり約43万７０００回でした。１０００万回に１回という死亡のリスクが高すぎるかどうか、人によって答えは違うでしょうが、分母を知らなければ、その数字が大きいか大きくないか、まったく答えることができません。

（話はややそれますが、この期間中に自転車走行の平均数はものすごく増えたということは押さえておく意味があります。１９９３年は１日当たり27万回でしたが、２０１７年は１日当たり72万１０００回でした。そしてこの間、死亡者数は、多少の増減はあるものの目に見えて減りました。１９９３年には18人だったのが、２０１７年は10人でした。ということは、もしあなたがロンドンで自転車に乗るとすると、あなたが死亡するリスクは１９９０年代前半に比べてざっと6分の１です。しかも、自転車に乗るのは非常に健康によい。事故や大気汚染のリスクを計算に入れたとしても、平均すれば、あなたの寿命を有意に伸ばすであろうことが期待できます[4]）。

ニュース記事に分母がないというのはよくある問題です。「デイリー・エクスプレス」は２０２０年に、過去10年間に警察の留置場で１６３人が死亡したと伝えました[5]。ですが、留置場には実際何人いたのでしょうか？　もし１０００人だったとしたら、１００万人だった場合とはまるで違う話になります（内務省の統計によれば後者に近く、だいたい年に１００万人が逮捕されます。もっとも、全員が留置場行きにはなりませんが[6]）。

別の例として犯罪を挙げましょう。もし誰かが、（2018年にドナルド・トランプが言ったように）アメリカでは不法移民により毎年300人が殺されると言えば、大きな数のように聞こえるかもしれません。[7] でも本当にそうでしょうか？　分母は何ですか？

この場合はもう少し複雑で――数字を1つ知るだけでは不十分です。アメリカ全体の殺人の数は、FBIによれば1万7250人（2016年）です。[8] しかしそれだけでは300人が多いかどうかまだ分かりません。不法移民が何人いるのかを知る必要があります。そうすれば、不法移民が平均的なアメリカ市民に比べて殺人を犯しやすいか犯しにくいかを判断できます。

幸運なことに、2018年にケイトー研究所［アメリカのリバタリアン系のシンクタンク］がこの点について調べています。テキサス州（不法移民が多い）では2015年に、〝アメリカ生まれのアメリカ人〟が2279万7819人、〝不法移民〟が175万8199人、〝合法的移民〟が291万3096人いました。

そして、アメリカ生まれのアメリカ人は709の殺人を犯し、不法移民は46の殺人を犯しました。各グループで起きた殺人の数をそのグループの人数で割ると――分子を分母で割るわけです――どちらが大きいかが分かります。この場合は、709を2279万7819で割ると0.000031、つまり10万人当たり3・1、一方、46を175万8199で割ると0.000026、つまり10万人当たり2・6になります。ということは、少なくともテキサス州では、不法移民は平均的な市民よりも殺人を犯しにくいのです。ご参考までに、〝合法的〟すなわち〝登録された〟移民では、10万人当たり約1件でした。

バスの話に戻りましょう。3億5000万ポンドという数値は巨大に聞こえます。確かに多くの点で巨大です。平均的な人の生涯賃金の数百倍ですから。北ロンドンにベッドルームが4つもある家を買えるかもしれません。

しかし、大きいですか？　分母は何ですか？

ちょっと見てみましょう。まず、3億5000万ポンドに52をかけると182億ポンドです。私たちは毎年、EUに182億ポンドを払っている（少なくともバスによれば。バスの数字にこだわりましょう）ことになります。

防衛から道路の修理、年金に至るまで、イギリス政府の総支出額は、2020年予算書によれば、2020年度［20年4月〜21年3月］で約9280億ポンドと予測されていました。[9]　182億を9280億で割り（そして、パーセンテージを求めるために100をかければ）2パーセントよりちょっと少なくなります。つまり、182億ポンド余分に支払うのであれば、少なくともその年は、国の予算が約2パーセント多いはずです（この数字が癪に障るという人のために、2億5000万ポンドという数値を使うと、約1・4パーセント増になります)。

無視できる数字ではありません。国の予算の2パーセント増は、たとえば、〝個人向け社会福祉〟(高齢者、障害者、リスクのある子どものような弱い立場の人への地方政府のサポート)への支出の約半分に相当します。とはいえ、当初感じたほど圧倒的な額ではないでしょう。問題は、分母のことを考えに入れなければ、数字を教えてくれた人のみを頼りに、その数字を大きいと考えてしまうことです。

数字を引用しているすべてのニュース記事に対して、適切な分母を探すよう求めるのはややいきすぎかもしれません。しかし読者としては、びっくりするような、または印象的に聞こえるような統計の数字が出てきたら、それは大きな数なのか? と自問してみるのは大事なことです。

第10章　ベイズの定理

世界中であまりにも多くの人が自宅にロックダウンされていた2020年春、私たちのほとんどが、いつ、どのようにすればこの状況から抜け出せて、社会が再び動き出すかについて必死に考えていました。各所で議論の俎上にのぼり、広く報道された1つのプランは、〝免疫パスポート〟というアイデアでした。[1][2]

この理論は（執筆時点ではまだ確認されたわけではなく、そうらしいという程度ですが）、一度この病気にかかったら免疫ができる、というものでした。病気と闘う抗体ができて、一生ではないにせよ少なくとも長期間あなたを守ってくれるというのです。免疫パスポートの考え方でいくと、抗体検査で陽性なら、病気にかかったことがあり免疫ができているから生活を再開できるという証明書をもらえます。自分が感染するリスクも他人を感染させるリスクもないということです。

もちろん、このパスポートが有効かどうかは、検査がどのくらい正確かによります。そして、私たちがこれから取り上げる記事が書かれた時点で、アメリカＦＤＡ（食品医薬品局）は既に、95パーセント正しい結果が出ると主張している検査に対して緊急使用許可を出していました。[3] ということは、もし検査を受けて陽性なら、免疫ができている可能性はどのくらいでしょうか？　95パーセントくらい、ですよね？

違うんです。もしそれしか情報がないのなら、答えは「まったく何も分からない」です。情報不足のため、免疫ができている可能性についてほんのわずかな手がかりすら得られません。

これは〝ベイズの定理〟と呼ばれるものと関係があります。ベイズの定理は、18世紀のキリスト教長老派の聖職者で数学オタクだったトーマス・ベイズ師にちなんで名づけられました。単純な推論なのですが、極めて奇妙な結果をもたらすことがあります。

ベイズの定理は、論理学の表記法で書くと、ちょっと恐ろしげです。

$$P(A|B) = (P(B|A)P(A))/P(B)$$

しかしじつはけっこう単純です。これが示しているのは、文言Ａが、別の文言Ｂが真である場合に真である確率です。詳しくはコラムを読んでください。ベイズの定理が重要であり、かつ直観に反しているのは、Ｂが真かどうかを知る前に、Ａが真である事前確率を計算に入れる点です。

コラム❺条件付き確率

ベイズの定理は条件付き確率に関するもので、学校で習ったのを覚えている人もいるかもしれません。シャッフルしたばかりのトランプのカードを持っているとしましょう。最初に引くカードがエースである可能性はどのくらいでしょうか？　52枚のカードのうちエースは4枚ですから、4／52ですね。そして、4も52も4で割れるので、1／13と書けます。

あなたは最初にエースを引いたとしましょう。2枚目のカードがエースである可能性はどのくらいでしょうか？　既にエースを1枚持っているのですから、エースのうち1枚はもうありません。そのため数字は変わり、エースの可能性は51枚中3枚、つまり3／51です。

これが、既にエースを引いたのでそのカードはなくなったという条件の下で、エースを引く確率です。

統計学では、ある事象（Aと呼びましょう）が起こる確率（Pと呼びましょう）はこう書きます。

P(A)

Aが起こる前に別の事象（Bと呼びましょう）がある場合は、こう書きます。

P(A｜B)

この垂直の線（｜）は「〜という条件下で」という意味です。したがって、P(A｜B) は単に「Bが既に起こったという条件の下でのAの確率」という意味になります。つまり、「既にエースを引いたのでそのカードはなくなったという条件の下で、エースを引く確率」はP(A｜B) と表され、3／51、約0・06です。

記号だけで説明するのはとても難しいですが、例を挙げて考えればもう少し簡単です。通常、もっともよく出てくる例は病気のスクリーニング検査です。あなたは、稀だけれど致死的な神経変性疾患を早期に発見できる血液検査を行うことができるとしましょう。その検査はとても正確です。

重要な点ですが、正確さには2種類あります。病気のある人をどのくらい正確に「ある」と判定するか、つまり真の陽性の割合を示す〝感度〟と、病気のない人をどのくらい正確に「ない」と判定するか、つまり真の陰性の割合を示す〝特異度〟です。ここではいずれもが99パーセントだとしましょう。

しかし——ここが決定的に重要です——その病気はとても稀なのです。どんな時でも1万人に1人としましょう。これが事前確率です。

さて、あなたは100万人にこの検査を行います。1万人に1人が病気を持っているのですから、100万人なら100人です。あなたの検査はそのうち99人を正しく判定します［真陽性＝感度99パーセント］。ここまではとてもうまくいっています。

同様に、98万9901人に病気ではないと正しく判定します［病気ではない99万9900人のうちの真陰性＝特異度99パーセント］。この段階でもまだとてもうまくいっているようです。

しかし、ここに落とし穴があります。この検査で99パーセント正しく判定できても、9999人の完全に健康な人に致死的な病気があると伝えてしまうのです［病気ではない99万9900人のうちの偽陽性1パーセント］。病気ありと判定される1万98人［真陽性99人＋偽陽性9999人］のうち、実際に病気があるのは99人、約1パーセントだけです。もしこの結果を額面通りに受け取って、検査陽性の人全員に病気があると伝えたとしたら、100回のうち99回は間違ってしまう（そして、検査陽性の人を怖がらせ、おそらくは不必要で押し付けがましく、かつリスクのある医療処置に送り込む）でしょう。

事前確率を知らなければ、検査陽性の意味を知ることなど到底できません。検査をした病気にかかっている可能性がどのく

［訳註］

	病気あり	病気なし	計
検査陽性	99	9,999	10,098
検査陰性	1	989,901	989,902
計	100	999,900	1,000,000

らいかは分からないのです。そのため〝95パーセント正確〟などという数字を報道しても無意味です。

これは学者しか興味を持たない仮説の問題ではありません。あるメタアナリシス（先行研究の結果を統合した論文のこと、第7章参照）により、年1回のマンモグラフィー検査を10年間行った女性のうち60パーセントで、最低1回は偽陽性の結果が出ていたことが判明しました。[4] 前立腺がん検査で陽性と出て生検や直腸診に回された男性を対象にした研究の結果、その70パーセントが偽陽性でした。[5] またある論文によれば、「発見率は99パーセントで偽陽性率はわずか0・1パーセント」と称する胎児の染色体異常の出生前スクリーニング検査は、じつのところ、そのような異常が稀であることを考慮すると、偽陽性が45〜94パーセントでした。[6]

このような検査は決定的なものとは見なされません――結果が陽性と出た人には、より包括的な診断用検査が行われます――が、最終的にがんや胎児異常ではないと判明する大勢の人を怯えさせてしまうでしょう。

そして、こうしたことは単に医学検査だけの話ではありません。法律の分野にも大きくかかわっています。実際、法廷の世界ではよくある、有名な〝検察官の誤謬〟という誤りは、ベイズの定理の誤解が主な原因です。

アンドリュー・ディーンは1990年に、DNA鑑定を証拠の一部としてレイプの罪で起訴され、懲役16年を言い渡されました。起訴を主張した法医学の専門家は、DNAが他人のものである確率は300万分の1だと述べました。[7]

しかし、首席判事のテイラー卿は再審で、2つの別々の問いを混同していると指摘しました。[8] 第一の問いは「もし無罪ならDNAが一致する可能性はどのくらいか」、第二の問いは「もしDNAが一致したら無罪である可能性はどのくらいか」です。〝検察官の誤謬〟とは、これら2つの問いを同じものであるかのように扱うことです。

医学検査の場合とまったく同じように考えることができます。他の証拠が一切ないというほぼあり得ない事例で、イギリスの全人口(当時は約6000万人)から被疑者を単純にピックアップするとします。その場合、ランダムに選んだ1人が殺人者である事前確率は6000万分の1です。6000万人全員に検査を行えば殺人者を正確に特定できるでしょうが、同時に、無実の20人が偽陽性になってしまいます。その場合、無実の人が検査をした場合に陽性が出るのは300万回のうちたった1回としても、陽性と出た人[真の殺人者1人+偽陽性20人]からランダムに選んだ1人が無実[偽陽性の20人のうちの誰か]である確率は95パーセント以上になります。

現実には、被告はランダムに選ばれるわけではありません。通常は有罪であることを支持する他の証拠があり、事前確率は6000万分の1より大きいでしょう。しかし、医学検査と同様、DNA鑑定で偽陽性になる確率が分かっていても、その人が無罪である確率は分かりません。まず初めに、有罪である確率についての何らかの評価、すなわち事前確率が分かっていなければならないのです。

1993年12月、控訴裁判所はディーンの有罪判決を棄却しました。裁判官と法医学者の両方が検察官の誤謬の餌食になってしまったため、判決は妥当でないと判示したのです（しかしその後の再審で、彼は再び有罪になりました）。

同様に、サリー・クラークの気の毒な事例もあります。彼女は1998年に、1つの家庭で2人の赤ちゃんが乳幼児突然死症候群（SIDS）で死亡する確率は7300万分の1だと鑑定人が言ったために、子殺しの罪で有罪とされましたが、これも検察官の誤謬でした。この鑑定人は、1人が2人の殺人者となる事前確率はSIDSよりずっとまれであることを計算に入れていませんでした。(9)（他の問題もありました。特筆すべきは、鑑定人は、以前にSIDSで子どもを亡くしたことのある家庭は2人目もそうなる可能性が高いという事実を計算に入れていなかったのです）。クラークの例も、2003年に判決が覆りました。

こうしたことと免疫パスポートとはどういう関係があるのでしょうか？　ええっと――もしあなたが抗体検査で陽性で、そしてもしその検査が感度95パーセント、特異度95パーセントであるとしても、実際にあなたがその病気にかかったことがある可能性がどのくらいかは分かりません。そもそも検査を受ける前にあなたが病気にかかっていた可能性はどのくらいかという、事前確率の問題だからです。そのいちばん分かりやすいはじめの一歩は、集団におけるその病気の有病割合です。

仮に集団の60パーセントが病気にかかったことがある（既往あり）としたら、100万人のうち60万人が既往あり、40万人が既往なしのはずです。検査は既往ありの人のうち57万人（600,000×0.95）を正確に同定し、実際には既往なしの人のうち2万人（400,000×(1－0.95)）を誤って既往ありとしてしまいます。したがって、抗体検査で陽性の場合、偽陽性（じつは既往なし）である確率は3パーセントほどです（20,000÷(20,000＋570,000)≒0.0339)。

しかし、もし集団の10パーセントしか病気にかかったことがなければ、100万人のうち10万人が既往ありとなり、検査は既往ありの人のうち9万5000人（100,000×0.95）を正しく同定します。しかし、残りの90万人のうち4万5000人（900,000×(1－0.95)）を誤って既往ありとしてしまいます。この場合は、検査で陽性でもじつは既往なしである確率はなんと32パーセント（45,000÷(95,000＋45,000)≒0.3214）です。にもかかわらずあなたは、自分は安全であり、外出したり、高齢の祖父母を訪ねたり、ケアホームで働いたりできると思うことでしょう。

　またもや、これらは集団をランダムに検査する場合の話です。たとえば核となる症状のある人にだけ検査をすれば、もっとよい推定値を得ることもできるでしょう。その場合、病気にかかっていそうな人を検査することになり、検査陽性はより確かなエビデンスになるでしょう。事前確率がより高くなるからです。しかし、事前確率がある程度推定できなければ、検査が何を意味するかは分かりません。

　これは理解するのが難しい考え方です――読者だけではなくジャーナリストにとっても。2013年のある研究では、アメリカの産婦人科研修医（有資格の医師です）約5000人に対して、こんな質問をしました。もし集団の1パーセントががんであり、90パーセント正確な検査で陽性の結果が出たら、その人ががんである可能性はどのくらいですか、と[10]。正解は約10パーセントですが、選択問題であったにもかかわらず74パーセントの医師が間違えました。

　とはいえ、これは重要なことです。なぜなら、スクリーニング検査や診断用検査などに関する記事を読んだとき、この情報がなければ、95パーセント正確な検査で陽性なら病気である確率が95パーセントという意味だと思うかもしれないからです。

しかしそうではありません。〝99パーセント正確な検査〟という記事を見たら、それが、がん検診、DNAプロファイリング、COVID-19の検査、など何であっても、こうしたことに触れていなければ要注意です。

第11章　絶対リスクvs相対リスク

２０１８年の「デイリー・テレグラフ」に、男性が45歳以上で子どもを持つと「健康に問題がある赤ちゃんが生まれる可能性が高い」という、年を取ってから父親になる男性にとって恐ろしいニュースが載りました。[1] 高齢男性の子どもは「父親が25〜34歳の子どもに比べて」、いろいろある中で特に「てんかんを持つ可能性が18パーセント高かった」のです。公平を期すために言えば、高齢の母親についてよく言われる、不妊や種々の先天異常のリスクが高いといった（通常はひどくおおげさな）脅し文句に比べれば、まだましだったかもしれませんが。

この記事は、「ＢＭＪ」に掲載された、[2] 父親の年齢が子どもの健康状態に与える影響についての研究に基づいていました。この研究では実際に、言及されたリスクが高まることを発見しています。

でも、「テレグラフ」の記事には書かれていなかったことがあります――何に比べて18

パーセント高いのか？　という点です。

何かが75パーセント増えた、32パーセント減った、などと言う場合、それは相対的な変化です。週に5回以上ローストした白鳥を食べると［イギリスでは中世から19世紀ごろまでクリスマスに白鳥のローストを食べる習慣があった］、一生のうちに痛風になるリスクが44パーセント増える、などとリスクに関して話しているとき、私たちは相対リスクについて話しています。

リスクがこのような形で示されることはしょっちゅうあります。たとえばCNNは2019年に、ベーコンは大腸がんのリスクを増やす、つまり、ベーコンを食べれば食べるほどリスクが高まり、「1日当たり加工肉25グラム（ほぼベーコン1枚に相当）食べるごとに20％上昇」と報じました(3)。

あるいは、父親の年齢と子どもの先天異常のリスクの話に戻れば、2015年に、10代で父親になると、〝自閉症、統合失調症、二分脊椎〟の子どもが生まれる可能性が高い――「デイリー・メール」によれば30パーセント増――と報じられました(4)。

30パーセント増とは恐ろしく聞こえます。20パーセント、いや18パーセントでも同じです。これらは皆、意味ありげな数字です。まるで、ベーコンを食べると大腸がんになるリスクが20パーセントだとか、父親が20歳未満だと二分脊椎の子どもを持つリスクが30パーセントだというように聞こえるかもしれません。

もちろん、そういう意味ではありません。リスクが30パーセント増えるとは、リスクがXというレベルから、Xの1・3倍に高まるという意味です。だから、Xがどのくらいかを知らなければ、この数字は大して役に立ちません。だからこそ、これを絶対リスク（リスクの絶対値）で、すなわち、単にどのくらい変化したかではなく、何かが起こるのは実際にどのくらいなのかで示すことが重要なのです。

ベーコンを食べる人の大腸がんリスクの例で考えてみます。まず、イギリス人が一生のうちに大腸がんになるもともとのリスクは、イギリスがん研究基金によれば、男性は約7パーセント、女性は約6パーセントです[5]。

明らかに、これは無視できない数字です――性別にもよりますが、ほぼ15人に1人は大腸がんになるというのですから。でも今は、20パーセント増が何を意味するかを見ていきましょう。

もっとも大きい推定値を取ることにしましょう。あなたはイギリス人男性で、大腸がんになるもともとのリスクは約7パーセントです。1日に薄切りベーコンをもう1枚（約25g）多く食べると、リスクを20パーセント押し上げます。

しかし、思い出してください――7パーセントの20パーセントは1・4パーセントです。

つまり、リスクは7パーセントから8・4パーセントに増えます。パーセントの扱いが不注意だったり、慣れていなかったりすれば、20パーセントポイント増える、すなわち27パーセントになると考えてしまうかもしれませんが、そうではありません。

つまり、大腸がんになるリスクは約15人に1人から、約12人に1人に高まります。何もないわけではありませんが、〝リスクが20％増〟よりはずっと怖くなくなるでしょう。

じつは、怖さはもっと減らせます。イギリス人男性100人中約7人は、一生のうちいずれかの時点でがんになり、もし全員がベーコンを1日当たり1枚多く食べるとすれば、7人ではなく8・4人が大腸がんになります。つまり、1日につき1枚の余分なベーコンは、食べなければならなかったはずの大腸がんになる可能性を、およそ70人に1人分［100÷(8.4－7)≒71.4］増やすということです。もしあなたが女性なら、その可能性はさらに低くなります。

70人に1人ががんになる可能性を、無視してよいと言いたいのではありません。自分の食事を変更すべきかどうかを判断する助けになる重要な情報です。そして、この情報は、あなたのリスクについて何も言っていないに等しい〝20％増〟とはまったく違います。これは、ベーコンを余計に食べることにより得られる利益――ベーコンを食べるとおいしい！　ベーコンは人生をより楽しくする！――とリスクとのトレードオフなのです。このトレードオフに価値があるかどうかを検討するには、きちんとした情報が必要です。

相対リスクは、薬が実際より効果があるように見せたいときにも使われます——たとえば、アメリカのあるがんの薬は「化学療法に比べて死亡のリスクを41％減らす」と広告していました。良いことのように聞こえます。しかし実態は、生存期間を平均3・2カ月延ばしたということでした。(6)アメリカFDAの調査では、医師が薬の効果を絶対値ではなく〝相対的な値〟で知らされることは、「薬の有効性についての認識の高まりや、処方したいという意欲と関連する」ことが分かっています。(7)——つまり医師ですら相対リスクにだまされているのです。数字を絶対値で示すことは、患者や医師も含めて私たち皆が、こうした危険についてよりよく理解することにつながります。

さらに言えば、何か——政党や、もしかしたら宗教も——が「急成長している」と書かれているときは注意してください。もしある政党が週ごとに倍増しているなら、相対的に見れば確かに急成長しているのかもしれません。でも、党員が先週は1人で、今週はその1人が自分の夫を誘って入党させたのだと知ったら、確かに2人に倍増はしたものの、大したこととは思わないでしょう。

高齢の父親とてんかんの子どもについてのあの記事に戻りましょう。あなたは相対リスクが上昇（18パーセント）することは知っています。しかしここまで読んできた今では、それだけではよく分からないということも知っています。私たちが知る必要があるのはむしろ絶対リスクです。人生の後半で父親になった場合に子どもが実際にてんかんになる可能性は、より若くして父親になった場合の可能性と比べてどうなのか、という点です。

必要な数字は、0・024パーセントと0・028パーセントでした。25〜34歳で父親になった場合に子どもがてんかんになるリスクは10万人当たり24人で、45〜54歳で父親になった場合は10万人当たり28人です。その差は、平均して新生児10万人当たり4人です。

この差が重要でないと言っているのではありません。たとえ10万人に4人の確率でも、現実の確率です。しかしこれはさまざまなトレードオフと天秤にかける必要があります。人生の後半になってから子どもがほしいという人もいるでしょうし、そのような人は、たとえリスクがわずかに増えようとも、子どもを持つことには価値があると考えるでしょう。

とはいうものの、こうした問題をすべてメディアのせいにすることはできません。ほとんどの学術誌は執筆ガイドラインで絶対リスクを示さなければならないとしているにもかかわらず、多くの科学論文では絶対リスクが書かれていません。たとえば高齢の父親に関する「BMJ」の論文は、同誌の執筆ガイドラインに反して、すべての結果を相対リスクで報告していました。さらに、研究では絶対リスクが述べられているのに、プレスリリースでは述べられていないこともあります。時間に追われ、あまり統計に強くないジャーナリストは、論文の中に絶対リスクの情報を見つけるのに苦労するのでしょうし（実際にある場合の話で、ない場合も多い）、そもそも論文にアクセスしたとしても、その情報が必要だということをおそらく認識していないでしょう。

しかしこれはコミュニケーションの重要な側面です。科学ジャーナリズムの役割は、少なくともライフスタイルのリスク（もし1晩につきワインをグラス1杯飲んだら、がんや心臓病になりますか？）に関しては、読者に有用な情報を提供することであるのは確かです。そのような情報は絶対値で示す必要があり、そうでなければ意味がありません。学術誌、大学の広報部門、そしてメディアは皆、リスクは相対値だけでなく絶対値で示すべきだということを、動かせないルールとして確立する必要があります。

第12章　測っているものが変わった？

「ガーディアン」は2019年10月に「イングランドとウェールズで5年間にヘイトクライムが2倍に」と報じました。(1) なんてひどい話だ、と思いますよね？

記事の見出しは、2013年から2019年に警察に報告されたヘイトクライムの統計(2)を引用していました。記事は、2018〜19年に10万3379件のヘイトクライムが報告され、うち7万8991件は人種に関するものだったと（数字自体は正しく）伝えていました。2012〜13年の4万2255件より増えていたのです。

これを読んで、あなたは驚くかもしれませんし、驚かないかもしれません。どちらの反応であってもおそらく理にかなってはいるでしょう。私たちは忌むべき、しかもド派手なヘイトクライムの時代に生きていますが、同時に、全体としては偏見を減らそうという社会的な傾向もあります。一例として、イギリス社会的態度調査によれば、同性間の関係を認める人の割合は増えています。同性間の関係は「全然悪くない」と考えるイギリス人は、

1983年には20パーセント未満でしたが、2016年には60パーセントを超えました。[3] 同様に、1983年には白人のイギリス人の半数以上が、自分に近い親戚が黒人やアジア系の人と結婚するのは気になると答えていましたが、2013年には20パーセントに下がりました。[4]

偏見を持つ少数派がより過激になる一方で、平均的には社会的態度が改善するということは、まったくもってあり得ます。しかしそうは言っても、ヘイトクライムの背景にありそうな社会的態度を保持している人の数が半分以下に減っているのに、ヘイトクライムが倍増したように見えるのは驚きです。何が起こっているのでしょうか？

その前に、別の話をしましょう。自閉症（社会的コミュニケーションや意思疎通に問題がある発達障害）の診断数は年々増えています。アメリカ疾病予防管理センター（CDC）は2000年に、子ども150人に約1人が自閉症スペクトラム症であると推定しましたが、2016年にはそれが54人に1人になりました。[5] 2000年の数値自体、その数十年前に比べれば何倍も高かったのです。1960年代や1970年代の研究によれば、自閉症は2500人か5000人に約1人にすぎないと示唆されていました。[6] 同様の傾向は世界中の、特に裕福な国で見られます。[7]

こうした数値は〝自閉症の流行〟といった記事につながりました。さまざまな原因が取りざたされています。精神科医は、冷淡でよそよそしい親（彼らのひどい表現を借りれば〝冷蔵庫ママ〟）を非難しましたが[8]、それは完全に誤りであることが判明しました。なぜ感情的によそよそしい親が感情的によそよそしい子どもを持つ傾向にあるのか、ありとあらゆる理由が考えられるでしょう。その後も、重金属による汚染、除草剤、電磁放射線、グルテン、カゼイン、そしてもちろんワクチンも〔MMR（麻疹・おたふくかぜ・風疹）ワクチンと自閉症の関連についての論文が1998年に発表されて以来、市民の間で根強い疑いがあった。第14章を参照〕、すべてが可能性のある説明として浮上しました。

しかしそのいずれでも説明がつきません。昔に比べて除草剤の使用は減っていますし、疑わしいとしてももっともよく名指しされるグリホセート除草剤が発達障害と何らかの関連があるというエビデンスはありません。放射線と自閉症の関連にも、それらしいメカニズムも疫学的エビデンスもありません。ワクチン説にもそれを支持するエビデンスはありません——しかも、もし特定のワクチンが自閉症の原因なら、そのワクチンの導入直後に国全体で自閉症の診断数が急増するはずですが、そんなことはありません。自閉症の原因として説得力のある環境中の危険因子を見つけた人はいない、というのが事実です。遺伝と偶然の組み合わせが主な理由だと思われます。

だとすると、自閉症の診断はどうしてそんなに急激に増えたのでしょうか？

こんなことが起こったのではないでしょうか。[9] 1952年に出版された『精神疾患の診断・統計マニュアル第2版（DSM－Ⅱ）』には、〝自閉症〟という診断名は一切ありませんでした。自閉症という用語は、小児の統合失調症の下で言及されていただけです。1980年に出版された第3版（DSM－Ⅲ）では、自閉症はそれ自体で診断名とされ、脳の発達に起因する〝広汎性発達障害〟と記載されました。自閉症を診断する基準としては、〝他者への反応の欠如〟、〝言語発達における幅広い欠損〟、〝周囲の環境に対する奇妙な反応〟などがありました。[10] 子どもがこれらの基準を満たしており、しかもそれが生後30カ月以前であれば、自閉症と診断されました。

1987年に改訂されたDSM－Ⅲでは、診断をより軽症例にも広げました。診断する際の基準として16項目のリストを示し（そのうち8項目を満たすことが必要）、生後30カ月を超えていても診断してよいとしました。そこで初めて自閉症は〝自閉症〟と〝特定不能の広汎性発達障害（PDD－NOS）〟の2つに分かれました。自閉症の定義をフルに満たさなくても、支援が必要な子どもには後者の診断名を付けられるようになりました。

1994年に出版されたDSM－Ⅳでは、〝スペクトラム〟という用語が初めて用いられ、有名なアスペルガー障害を含む5種類の病気が含まれました。

現在の版であるDSM－5（彼らはなぜかローマ数字を使うのをやめました）では、個別の診断名を削除し、うち3種類をまとめて〝自閉症スペクトラム症〟とし、その間の明確な区別はしませんでした（他の2種類は自閉症のカテゴリーから外れました）。

つまり、〝自閉症〟が意味するものは、この数十年間で何度も変更されたのです。〝自閉症〟という個別の診断名はまったくないという時代から、5種類になり、さらには非常に広く定義される1種類になりました。そしてこの間、〝自閉症〟は拡張し続けました。以前の定義では含まれなかった子どもも、後の定義では自閉症と診断されました。

ここで突如として、なぜ自閉症の診断がそんなに増えたのかについて、簡単な説明がつきます。〝自閉症〟という用語が何度も意味を変え、より多くの人に適用されるようになったからです。加えて、自閉症という病気が親にも医師にも広く知られるようになるにつれ、また、自閉症の子どもの生活を改善するための有意義な方法が使えるようになるにつれて、より多くの子どもが、基準を満たすかどうかを調べるスクリーニング検査を受けるようになったのです。

私たちが現在〝自閉症〟とみなす精神的特性を持つ人が、集団の中にどのくらいいて、どのように分布しているかという意味では、この間、何も変わらなかったとしてもおかしくはありません。自閉症率が増えているように見えるのは、医学の権威者が測定基準を変え、自閉症かもしれない状態を見逃さないよう、いっそう気を付けるようになったという事実によるのかもしれません。

統計の記録方法の変更は、その統計の見かけ上の傾向にきわめて大きな影響を与えることがあります。たとえば、2002年から2019年の間に、イングランドおよびウェールズで警察によって記録された性犯罪の件数は、約5万件から約15万件へと3倍になりました[11]。しかしそれは、歴史的に見れば、警察と裁判所が性犯罪をまじめに扱ってこなかったからです（驚くべきことに、夫婦間のレイプは1991年まで犯罪ではありませんでした）[12]。社会が変化して警察にもっとちゃんとやれと圧力をかけた結果、現在では性犯罪として記録されるようになっています。

警察のデータを用いて2002年と2019年の性犯罪率を比較したければ、2002年と同じ方法、同じ考え方、同じ基準を用いたとすれば、警察は2019年に何件記録しただろうかを検討する必要がありますが、それは不可能です。しかし、参照できる他のものがあります。

イングランドおよびウェールズ犯罪調査（CSEW）は集団を対象とする大規模調査で、どのくらいの頻度で犯罪被害に遭ったかを人々に尋ねるものです。犯罪率の傾向を知るのが目的のため、何十年も同じ方法で行われています。そのため、警察の報告習慣の変化には影響されません。もちろん、人々がより気軽に性犯罪について話したり報告したりできるようになった（かつては種々の理由によりできなかった）というような、人々の行動の変化には影響されるかもしれませんが。警察が記録したデータとは微妙に異なりますが、それでも根底にある同じ現実を反映しているはずです。

そして、CSEWによれば、この期間に実際に起こった性犯罪の数は、2004年の約80万件から2018年の約70万件に減少していました。[13] 警察によるデータの記録や測定方法の変化は一方向に働いていたようで、そのためまったく逆向き［性犯罪が減るのではなくむしろ増える］に見えてしまったのです（ただし、CSEWのデータは16～59歳の人に対する犯罪のみを扱っており、警察のデータは子どもや高齢者も含んでいることに留意することは重要です。これが論点を本質的に変えるとは思いませんが、まったく同じものを見ているわけではないということですから）。

測定や記録の実務のやり方はけっこう定期的に変更されますが、その多くはもっともな理由があります。COVID－19のアウトブレイクの初期の数カ月の間にも、それは繰り返し起こりました。アメリカのほとんどの州では長らく、検査で陽性が確定された場合に限ってCOVID－19関連死とカウントしていました。その後、2020年6月26日に幾つかの州が、症状はあったが実際の検査で確認されていなかった患者も、〝疑い〟例として含めることに同意しました。なぜなら、検査陽性例だけに絞ると、本当はCOVID－

19で亡くなった人の大部分を見落としてしまうことが明らかだったからです。そのため6月26日に、見かけ上は死亡率が急上昇しました。(14) 実際には何ひとつ変わっていないにもかかわらず。

では、ヘイトクライムのデータでは何があったのでしょうか？　性犯罪の場合と同様に、見出しに出ていた数値は警察に報告された犯罪件数でした。そして、性犯罪の場合と同様に、歴史的に見れば、警察はヘイトクライムを、人種にせよ、ジェンダーにせよ、障害にせよ、セクシャリティ関連にせよ、本来そうすべきほどには真剣に向き合ってこなかったのでしょう。幸いにも最近は変わりつつありますが。

さらに、またもや性犯罪と同様に、もし警察が2013年当時の方法や考え方を採用していたらデータがどうなっていたかを知ることはできません。しかし今回もCSEWのデータが使えます――覚えていると思いますが、CSEWは集団を対象とする巨大な調査であり、警察の記録方法の影響を受けずに、種々の犯罪件数を知ることができます。

繰り返しますが、CSEWのデータは警察が記録したデータと対象がまったく同じではありませんので、数字を直接比較することはできません。それでも、実際の傾向は記事とは逆向きであったことが分かります。CSEWによれば、2017～18年のヘイトクライムの発生数は約18万4000件で、2007年の約30万件、2013年の約22万件より減少していました。[15]「ガーディアン」が、増加しているように見えるのは「一部には犯罪記録が向上したためである」と書いてはいたことは認めてあげましょう。

ヘイトクライムのデータ：警察の記録 vs CSEW

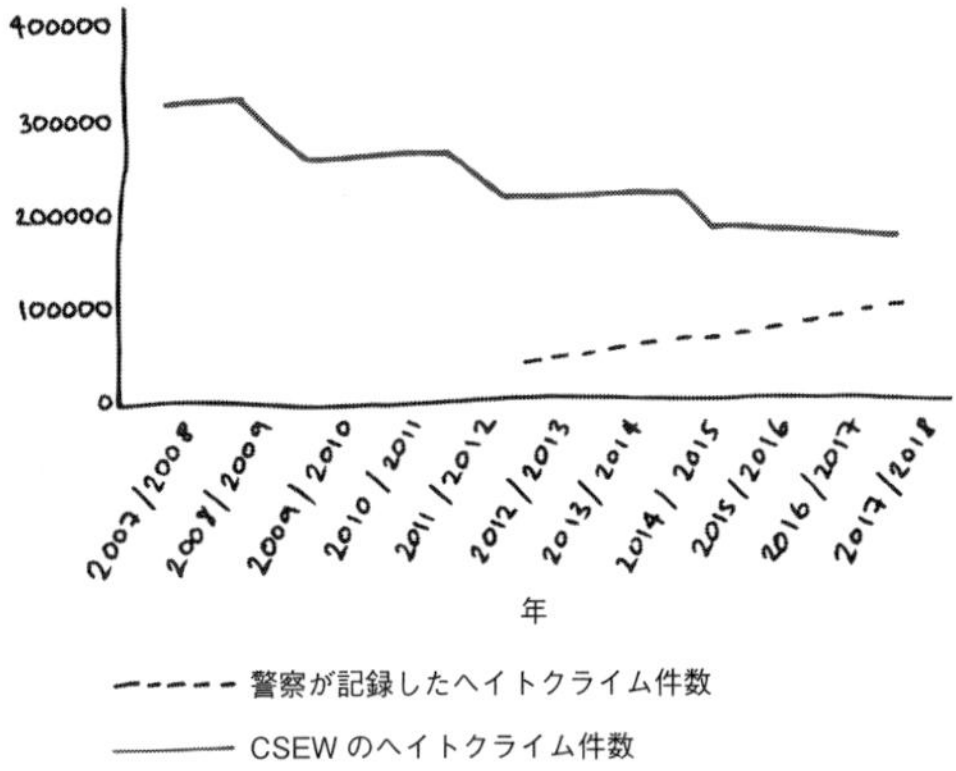

だからといって、万事OKとはいきません。18万4000件はやはり恐ろしく多いです。しかもCSEWは、2016年の国民投票〔イギリスがEUを離脱するかどうかの国民投票〕や2017年の一連のテロ攻撃〔ロンドン中心部のロンドン橋とバラ・マーケットを3人の男が襲撃し8人が死亡した〕の後に、ヘイトクライムが実際に急上昇したといういくらかのエビデンスを見つけています。とはいえこの記事は、犯罪の記録や測定方法が変わることにより、数字が減るという話から増えるという話へと、記事の方向性がまったく変わってしまうことを示しています。そして、メディアがその点を明確にすることに注意を払わなければ、読者は実際とは

逆の印象を抱いてしまいかねません。

第13章 ランキング

BBCのウェブサイトで2019年に、「インターナショナルスクールのランキングでイギリスが上昇」という見出しが立ちました。(1) 世界中の子どもたちの学習到達度を比較しているPISAランキングで、イギリスは1年のうちに読解力が22位から14位に上がり、科学や数学の順位も上がったのです。良い話に聞こえます、よね？

ええ、どう見ても悪い話ではなさそうです（少なくともイギリスにとっては。ある国の順位が上がれば、別の国は下がるのですが）。しかし、こうした粗いランキングは、多くの情報を隠蔽してしまいます。彼らがやっているのは、数字を上から順に並べて、どの国が1位、2位、3位、（そしてビリ）と言っているだけです。しかし、ランキング自体に興味があるというのでもない限り、ランキングがそれだけで多くのことを教えてくれるわけではありません。

たとえば、イギリスが〝世界第5位の経済大国〟という言い回しはよく見かけます、というか、少なくとも以前はよく見かけました。ＩＭＦ（国際通貨基金）によれば２０１９年に、イギリスはインドに飛び越されました[2]。ランキングの順位に驚くほど国の威信をかけていたある種のイギリス人にとって、これは恥でした（とは言え、こんなことが起きたのは今回が初めてではありません。イギリス、フランス、インドは過去数年間に、ＩＭＦ上の順位が何度も入れ替わっています。５位は、２０１７年にはフランス[3]、２０１６年はインドでした[4]）。

とはいえイギリスにとって、順位が５位、６位、あるいは７位だからといって、実際に何が違うのでしょうか？　ランキングの順位はイギリスの経済について何を物語っているのでしょうか？

最新のランキングが出てからの１年間、イギリス経済は明らかにインドほど早くは成長しなかったと言えます。しかしそれは、イギリスの経済規模が大きいという意味では？　世界には１９５カ国もあるのですから、５番目に大きいのならすごく大きいと考えるかもしれません。でもそれって本当でしょうか？

サッカーに喩えて考えてみましょう。２０１８〜１９年シーズンは、マンチェスター・シティが１位、リバプールが２位で終えました。２０１９〜２０年は、リバプールが（ＣＯＶＩＤ－19による３カ月の中断を経て、ついに）１位、シティが２位でした。もしランキングがすべてなら、この2シーズンはほとんど同じだったと思うかもしれませんが、大きな違いが隠されています。2018〜19年、シティはリバプールより勝ち点が1ポイント上回って終えたのですが、2019〜20年のリバプールは、シティを18ポイントも上回って終えたのです。

ランキング

COUNTRIES	RANK 2019	GDP $US MILLIONS	SHARE OF WORLD GDP
UNITED STATES	1	21,439,453	24.57%
CHINA	2	14,140,163	16.20%
JAPAN	3	5,154,475	5.91%
GERMANY	4	3,863,344	4.43%
INDIA	5	2,935,570	3.36%
UNITED KINGDOM	6	2,743,586	3.14%
FRANCE	7	2,707,074	3.10%

＊2019年GDP（単位：100万米ドル）ランキングと世界シェア。上から順に、アメリカ、中国、日本、ドイツ、インド、イギリス、フランス。

　同様に、IMFランキングによれば、名目GDPの世界トップ7カ国はアメリカ、中国、日本、ドイツ、インド、イギリス、フランスです[5]。これはサッカーの2018〜19年シーズンのように写真判定が必要な差でしょうか、それとも2019〜20年のような、ぶっちぎりの差でしょうか？

　見てみましょう。

　イギリスとフランスはほとんど区別できないほどのわずかな差（イギリスの経済規模はフランスよりわずか1・3パーセント大きいだけ）で、国の経済規模を測るのは微妙に難しいところがあることを考えれば、おそらくは誤差の範囲です。5位のインドもわずかに大きい（イギリスより約7パーセント大きい）ですが、圧倒的な差とは言えません。

しかし、順位を上げてドイツに来ると、イギリスより40パーセント大きく、その上の日本は87パーセント大きい。そして中国やアメリカに至っては、同じ土俵にも立てないほどです。中国の経済規模はイギリスより380パーセント大きく（約5倍）、アメリカは630パーセント大きく、イギリスの7倍以上です。どの国が5位になるかという議論は、エバートン、アーセナル、ウルブス［いずれもプレミアリーグで中位のチーム］がヨーロッパリーグの出場権を懸けて争っているのと同じようなことなのです。

イギリスの経済規模が非常に大きいと言えるかどうかお答えしておきましょう。世界のGDPに占めるシェアで言えば、アメリカは正真正銘巨大であり、全世界で使われる4ドルのうち1ドルはアメリカを経由します。6ドルのうち1ドルは中国です。他方、イギリスは世界経済の3パーセントちょっとを占めるにすぎません。比較の意味で、リチャード・ブランソン卿が1990年代初頭に立ち上げたバージン・コーラ（コークやペプシのライバルになろうとして、パメラ・アンダーソン［1967年生まれのカナダ出身のモデル、女優］をかたどった瓶に入っていた）を見てみましょう。バージン・コーラは、コーラ飲料のイギリス国内マーケットで何とか約3パーセントを獲得したものの、数年後に生産を中止しました。(6) バージン・コーラはイギリスで3番目に大きいコーラ飲料会社だったかもしれませんが、それでもさほど大きいわけではなかったのです。同様に、イギリスの経済規模は世界で5番目に大きかったかもしれませんが、それでもさほど大きいわけではありません。

しかし、まだ多くの情報を見落としています。ちょっと考えてみましょう。明日、誰かが何か（レモン2個とファンタの空き缶で作った常温核融合エネルギー生成装置にしましょう）を発明して、一夜のうちに、世界のすべての国の経済が10倍に成長するとします。先ほどの表を見てみましょう。イギリスはまだ6番目でインドの後塵を拝しています。ただ、GDPの数値の最後にゼロが1つ増えました。

重要なのは相対的な豊かさだというのは本当です。私たちは少なくとも部分的には、絶対値ではなく他人と比べてどのくらい豊かであるかによって幸福感を得るというエビデンスがあります。(7) 私たちのファンタ缶常温核融合の発明は、世界に革命を起こし、何億もの人々を貧困から救うことでしょう。しかしそれでも、ランキングに限ってみれば何も変わりません。フランスは依然として7位あたりをうろうろしており、無駄なストライキをやりたがる怠け者です。

（国のＧＤＰは国民全員の総和なので、ＧＤＰの大きさは個人にとってはさほど意味はないということも知っておくべきです。リヒテンシュタインは人口が少ないためＧＤＰは常に小さいのですが、国民のほとんどはかなり裕福です。逆に、インドネシアは人口が多いためＧＤＰはとても大きいのですが、国民の多くはかなり貧乏です。そう考えると１人当たりＧＤＰのほうが興味ありますよね。ＩＭＦの１人当たりＧＤＰのリストによると、イギリスはかなり順位が下がって21位です）[8]。

　ランキングに全く価値がないわけではありません。ランキングは、あなたが同僚に比べてどのくらいよくやっているかについて何かを教えてくれます。〝あなた〟が営業マンでも、レスターシャー州の学校であっても、あるいは中規模の西欧民主国家であっても。たとえば、イギリスはＣＯＶＩＤ‐19のスワブテスト〔綿棒で鼻咽頭ぬぐい液を取る検査〕の数でドイツに後れを取っているか、あるいは、芸術や防衛にかける予算規模が他の国と比べてどの程度かを知るには有用でしょう。しかしそうであっても、そのランキングがどんなデータに基づいているかを併せて知らなければ、有用とは言えません。スワブテストでドイツに後れを取っているとしても、ドイツは人口10万人当たり５００回、一方イギリスは４９９回であれば、たぶん気にはなりません。５００回対50回なら、何かがどこかで間違ったのかもしれませんが。

とはいえ私たちは今日、大学ランキング、学校ランキング、病院ランキングなど、あらゆるものの順位を数えたがります。カレー屋さんのランキングもあればケバブの賞まであります。

さらなる問題は、ランキングの多くは主観的な意見を集めたものに基づいていることです。たとえば世界大学ランキングのスコアは〝学者の評判〟を重視しており、大学スコアの40パーセントがそれに依存しています。[9] 学者に対して調査を行い、200校の大学について、教育と研究をどのくらいしっかりやっていると思うか尋ねます。ほとんどの学者は対象となるほとんどの大学で一度も講義を受けたことがないので、多くは推測になります。そのため、ランキングはかなり変動しやすいものになります。たとえば、デイヴィッド［著者のデイヴィッド・チヴァース］が学んだマンチェスター大学は、世界大学ランキングで27位ですが、「ガーディアン」のイギリス大学リストでは40位です。[10] これは明らかにおかしいです。イギリス国内にマンチェスター大学より良い大学が39校あるなら、イギリスを含む世界のランキングでマンチェスター大学より良い大学が26校のはずがありません。トム［著者のトム・チヴァース］が大学院の学位を取ったロンドンのキングス・カレッジもおかしなことになっています。イギリスで63位なのに、世界では31位です。

このように直観に反する結果が出るのは、ランキングにどんな指標を用い、それぞれにどのくらい重きを置くかの判断のせいです。もし〝学者の評判〟より〝学生の満足度〟を重視するなら、結果は違ってくるでしょう。指標として何を評価するかについての恣意的な判断が、結果をがらりと変えてしまいます。ランキングがすべて誤りというわけではありませんが、神様のごとく正しいと見なしてはいけないのです。

さて、PISAランキングに戻りましょう。PISAランキングは何に基づいているのでしょうか？　このランキングは役に立つのでしょうか？

まず、PISAは大学ランキングほど主観的ではないことは認めましょう。スコアは、各国で15歳の子どもに実施される標準化された試験に基づいています。試験科目は数学、科学、読解力です。そして、これらの試験は実生活での妥当性を担保しているように見えます。つまり、PISAテストで成績の良い子どもはそうでない子どもに比べて、さらに進んだ教育を受け、後の人生で良い職を得る可能性が高いという傾向が見られます。(11)つまり、PISAテストは現実の何かを測定しており、ランキングがまったく無意味とは言えません。

しかし、PISAランキングはPISAスコアに基づいていており、イギリスのように裕福な先進民主主義国家のほとんどはPISAスコアが似通っています。たとえば読解力を見ると、イギリスの平均スコアは504点で日本と同じ、オーストラリアより1点高く、アメリカより1点低い[12]。スコアは555点（中国の4つの省）から320点（メキシコとフィリピン）に広がっていますが、裕福な先進民主主義国家の20カ国はほぼすべて493点から524点の範囲に集中しています。そのため、統計学的に有意ではないわずかな変化でも、イギリスの順位は何番か下がってしまいます。実際、PISAはご親切にも、イギリスのスコアが、スウェーデン（506点）、ニュージーランド、アメリカ、日本、オーストラリア、台湾、デンマーク、ノルウェー、ドイツ（498点）と統計学的に区別できないと言ってくれています。実際には何も変わらなくても、理論上は、ある国が20位から11位に飛び上がることがあり得るのです（イギリスの数学ランキングは27位から18位に上がりました。ただ、それはどうやら統計学的に有意だったようです）。

繰り返しますが、ランキングが無用というわけではありません。しかし、ランキングはそれ自体ではそれほど役に立ちません。ランキングに使われるスコアを知る必要がありますし、そのスコアがどのように作られるかを知る必要があります。贔屓のサッカーチームがライバルを1点上回ってシーズンを終えるかどうかは気になるでしょうが、自国の経済規模がインドより1パーセント小さいかどうかなんて、まったく気にならなくて当然ですよね。

第14章　それは先行研究すべてを代表するものですか？

ねえ、いいニュースだよ！「1日に赤ワインを小さなグラス1杯飲むと、糖尿病、アルツハイマー病、心臓病といった年齢による健康上の問題を避けられることが研究により判明(1)」だって。

でもちょっと待って！「グラス1杯の赤ワインは心臓によくない。ほどほどの飲酒は健康によいという通説の嘘を科学者が暴く(2)」というのもあるよ。

ふーん。

ねえ、もっといいニュースがあるよ！「抗酸化成分が豊富な赤ワインを1日1杯飲めば男性の前立腺がんリスクを10パーセント以上減らす(3)」。

でももう一度待って！「1日1杯のワインでもがんリスクを高める。深酒は少なくとも7種類の病気と関連することを示す研究が警告(4)」。

いやはや、赤ワイン好きの「デイリー・メール」読者は、まるでジェットコースターに乗っているようです。こうした記事の見出しはどれも過去5年間の実際の研究に基づいており、「デイリー・メール」が捏造している（または「メール」が特に捏造しがちな）わけではありません。では、いったい何が起こっているのでしょう？　赤ワインは私たちを長生きさせてくれるのか、それとも命を縮めてしまうのでしょうか？

サンプルサイズについてお話しした第3章や、p値を議論した第5章を思い出してください。もしあなたが何かを調べようとして（何人が労働党に投票しそうか、ある薬は病気の治療にどのくらい有効か、など）、サンプリング法を用いた研究や世論調査か何かを行うとしたら、その結果は必ずしも掛け値なしの真実であるとは限りません。サンプルに偏りがなく、研究をうまく実施できたとしても、それで得られた数字は、単に偶然のせいで、真の数字より高かったり低かったり、ランダムにずれている可能性があります。

ここから明らかに言えることがあります。例として、フィッシュフィンガー［イギリスでよく食べられている白身魚のフライ］を食べればいびきをかくリスクがわずかに減る、と想定してください（ありそうもないシナリオであることは認めますが、とにかくそう考えましょう）。

フィッシュフィンガーがいびきに影響を与えるかどうかについては、既に多くのさまざまな研究があるとしましょう。そして、規模が非常に小さい研究がいくつかあるものの、すべての研究が完璧に行われ、出版バイアス（第15章参照）や、p値ハッキング（第5章参照）や、他の怪しげな統計上の操作はないとします（これもまたかなりありそうもないシナリオですが、とりあえず進めます）。

私たちが求めているのは、複数の研究結果を平均すれば、フィッシュフィンガーを食べる人はいびきがわずかに少ない、という結果です。しかし、個々の研究は、やや異なる結果かもしれません。もしそれらの研究に本当にバイアスがかかっていなければ、個々の研究結果は、真の効果の値の周りに正規分布すると考えられます（第3章を思い出してください）。高いものも低いものもありますが、ほとんどは正しい値の周辺に来ます。

つまり、フィッシュフィンガーといびきの関連に関する研究が多数ある場合、うちいくつかでは真の値を代表しない結果が返ってくるはずです。効果を過大評価することもあれば、過小評価することもあるでしょう。フィッシュフィンガーといびきには関連がない、あるいは、フィッシュフィンガーはいびきを引き起こすという結果すら出るかもしれません。繰り返しますが、研究そのものやその発表のプロセスに何ら過ちがなくても、単なる偶然の作用でこういうことが起こります。

ここでやるべきは、すべての研究結果がどんな具合に散らばっているのか、そして平均的な結果は何なのかを明らかにしていくことです。これが、論文を書くときにまず文献検索をする理由です。自分たちの研究結果を科学論文全体の文脈の中に落とし込むためです。研究者がメタアナリシス（先行研究の文献をすべて調べて結果を統合すること）を行う場合もあります。十分な数の研究が行われていて、研究自体にも発表のプロセスにも系統的なバイアスがなければ（前述の通り、この2つは大きな〝仮定〟ですが）、まとめられた結果は、真の効果がどれくらいなのかについて良い見通しを与えてくれるはずです。

少なくとも理屈のうえでは、これこそが科学が進歩する道筋です。新しい研究成果が出てくるたびに、先行研究に加えられます。この新しいデータセットは（望むらくは、平均すれば）、根本にある真実により近い科学的理解のコンセンサスをもたらしてくれるでしょう。

しかし今度は、こう想像してみてください。新しい研究が行われたとき、科学者が「この研究は、根本にある真実に対するこれまでの理解に加わり、おそらくはそれをわずかにシフトさせるでしょう」と言う代わりに、先行研究のすべてをただちに放り投げて「この新しい研究は、過去のすべての研究が誤りであることの証明です。フィッシュフィンガーはじつはいびきの原因なのであり、以前に言ったことはすべて忘れなさい」と言ったとしたら、どうでしょう。

これが、新しい研究論文についてジャーナリストが記事を書くたびに起こっていることです。新しい研究の成果を先行研究の文脈に加えることなく、「フィッシュフィンガーはいびきを引き起こす、画期的な新研究で明らかに」などと言ってしまうのです。

ジャーナリストに公正を期すために言っておきますが、これは解決が難しい問題です。新聞はニュースを報道します。科学においてもっとも明白な〝ニュース（news）〟とは、新しい（new）研究論文の発表です。「新しい研究から語れることはそれほど多くなく、先行研究の文脈でのみ判断されるべきだろう」というのでは、魅力的な見出しになりません。その上、ほとんどのジャーナリストは（ほとんどの読者と同様に）、科学論文は単独ではなく、研究全体の一部として扱う必要があることを理解していない可能性があります。そのため彼らは「なんか今週、赤ワインは体に良いと書いてあったぞ」などと考えてしまうのです。それに加えて、多くの報道機関は財政状況が次第に苦しくなっており、科学記者は1日に5本以上も記事を書くようになっています。そのため当然ながら、プレスリリースを書き起こす以上の時間がなくなり、ましてや他の科学者に電話してその新研究をこれまでの文脈に落とし込むなどということもしません。

しかしそれはやはり問題です。特定の事柄のリスクについて、そして科学的プロセスそのものについても、読者に誤解を与えかねないからです。フィッシュフィンガーといびきとの関連が毎週のように（新しい研究が出るたびに）変わっているように見えるとしたら、読者は、科学とは基本的にその場しのぎのでっち上げだと考えるようになってしまうでしょう。

フィッシュフィンガーといびきについてのばかげた思考実験は一例にすぎませんが、現実でもこの手のことは常に起こっています。「デイリー・メール」からの記事の引用を続けるため、同紙のウェブサイトを「新しい研究によれば（new study says）」というフレーズでグーグル検索したところ、5000件以上がヒットしました。記事のテーマは、肥満が脳機能に与える影響から、ソーシャルメディアとストレスの関係、さらにはコーヒーが人を長生きさせるかどうかに至るまで、多岐にわたりました。そんな研究は実際にあるのでしょうか？　答えはイエスです。では、個々の研究は現時点での最良の科学的理解を表しているのでしょうか？　もしかすると答えはノーです。

さらに深刻なことも起こります。自閉症の人の脳にアルミニウムが多く蓄積していることを示した研究[5]が、2017年にメディアの注目を集めました[6]。この研究は、自閉症に対する環境からの強い影響を懸命に探索している数多くの論文を代表するものではないのですが、ワクチンに対する恐怖を増大させました（ワクチンの中にはアルミニウムを含んでいるものがあるからです）。

ワクチンに対する恐怖と自閉症で言えば、その大元は1998年に「ランセット」に発表された、ＭＭＲ［麻疹・おたふくかぜ・風疹］ワクチンと自閉症との間に関連がありそうだということを発見したアンドリュー・ウェイクフィールドらの論文(7)で、論文自体がかなりの外れ値でした。対照群を置かない小規模の研究により、予期せぬ結果が見つかったのです。科学報道のアプローチが成熟していれば、仮に論文の不正が発覚(8)しなかったとしても、軽い興味しか惹かなかったでしょう。しかし実際には、産業界全般に、1つの研究を、より大きな研究全体の一側面というよりそれ自体を真実と見なす傾向があったために、ウェイクフィールドらの研究は大々的な健康上の恐怖を引き起こし、ワクチンの接種率が世界的に落ち込み、少数ながら麻疹で死亡したり障害を残したりした子どもも出てしまいました。(9)稀に、ごく稀にですが、1つの研究がいかに重要であるか（普通はそれほどではありません）、的確に印象づけることが実際に必要な場合もありますが。

では、赤ワインと健康についてのコンセンサスは何なのでしょうか？　まあ、記事の見出しはかなりばらばらですが、公衆衛生上の位置づけはここ数年あまり変わっていません。お酒を少し（おおざっぱに言って、ビールを週に約7パイント［イギリスの1パイントは568㎖］またはその同等量）飲む人は、まったく飲まない人に比べて少しだけ長生きする傾向にあります。しかし、アルコール消費量がそれ以上になると、寿命は再び短くなります。この結果は、大規模研究で何度も[10]何度も[11]何度も[12]発表されており、Jカーブと呼ばれています。傾いたJ、またはナイキのロゴのように、死亡率が最初下がり、再び上がるからです。

これはわずかな効果であり、なぜそうなるのか完全には分かっていません。たとえば、アルコールを止める人は、健康上の理由で止めるのかもしれず、その健康上の理由のために早死にしやすくなるのかもしれません。とはいえ、アルコールをまったく飲まないよりは少し飲むほうが、体を守る効果が少しはあるだろうというのがコンセンサスです。赤ワインについて特にこれが正しいと言えるかは、あまりはっきりしませんが。

しかし、その効果がわずかであるからこそ、少量のアルコールが体に悪い、または体に良い、または何の効果もないといったことが、新しい研究で簡単に見つかってしまうのです。新しい研究が意味を持つのは、研究全体の文脈に照らした場合だけです。特に健康とライフスタイルの関連に関して「新しい研究によれば」というフレーズを見かけたら注意してください。

第15章 目新しさの要求

2015年のあるBBCニュースの見出しは「お金があなたをケチにする?」と問いかけました[1]。それは、お金が私たちの行動に与える影響について研究する心理学の一分野、マネープライミングの、ある議論を呼んだ研究についての記事でした。お金に関する単語で文章を分解する作業をさせて、お金について考える〝呼び水(プライミング)〟を与えるだけで、その人は他人への援助や慈善団体への寄付を控えるようになるという、非常に劇的な研究結果[2]について論じていました。

マネープライミング(通常はソーシャルプライミングとして知られる分野の一部)は、21世紀の最初の10年間くらいに人気が出ました。プライミングは、前述の研究のほかにも(ソーシャルプライミングの例ですが)年齢に関連する単語(〝ビンゴ〟「欧米ではビンゴゲームは高齢者がよくする遊びというイメージがある」、〝シワ〟、〝フロリダ〟など。アメリカ人はどうやらフロリダを引退と結び付けてしまうらしい)でプライミングすると、被験者が実験室を出たときに歩くのが遅くなるといった、注目に値する結果を残しました。

　ソーシャルプライミングは一大事件でした。偉大な心理学者で認知バイアス研究のパイオニアであるダニエル・カーネマン（エイモス・トヴェルスキー［イスラエル出身の心理学者、1996年死去］と共に2002年にノーベル経済学賞を受賞）は2011年に、この驚くべきプライミング効果について「信じないという選択肢はない」と書いています[3]。正直の箱［無人販売所などで代金を入れる箱］の上に両目の絵が描いてあると、中立的な花の絵が描いてあるときに比べて、人々はより多額のお金を箱に入れました[4]。同僚を裏で中傷するような恥ずかしい行為について考えるだけで、自分の心をきれいにするためにいつもより多くの石鹸や消毒剤を買ってしまいます。これがいわゆる〝マクベス効果〟［シェイクスピアの「マクベス」で、ダンカン王殺害の後、マクベス夫人が手を洗う仕草を繰り返したことに由来する］です[5]。

　しかし、先のBBCの記事や、2014年の「アトランティック」に載った長文の記事[6]などが発表された頃には、マネープライミングの研究は行き詰まっていました。初期の研究者と同じ結果を得ようとしてやってみるもののうまくいかなかったり、効果がずっと小さくて印象に残らなかったりしたのです。いったい何が起こっていたのでしょうか？

　そう、多くのことが起こっていました。この〝追試クライシス〟（科学の多くの分野、特に心理学、その中でも特にソーシャルプライミングにおいて突如として明るみに出た、膨大な数の先行研究が精査に耐えられなかった現象）については、優れた本が何冊も出ています。しかし、私たちがここで注目したいのは、科学における目新しさの要求です。

科学的営みの核となる部分には、じつは大きな問題があります。それを悪用する人もなかにはいるものの、必ずしも個々の研究者の過ちとは言いきれません。この問題は、一般メディアがどのようにものごとを（科学だけでなく、すべてを）報じるかにも存在します。もっとも、こちらはそれほど驚くにはあたりませんが。

問題は、科学の学術誌が面白い研究結果を発表したがることです。

これが問題だとは思えないかもしれません。面白い結果を発表するのは、まさに科学の学術誌がすべきことだと考えるかもしれません。そもそも、何も新しくない退屈な結果を発表することに意味があるのでしょうか？……しかし実際には、これこそが問題どころか大問題、なぜニュース記事に（より重大なのは科学の文献に）出てくる数字の多くが間違っていたり誤解を招いてしまうのかの核心に迫る問題なのです。

目新しさの要求は、ときに露骨です。２０１１年、ある有名な研究が心理学研究の世界を震撼させました。ダリル・ベムの「未来を感じる：特異な遡及的影響が認知および情動に与える実験的根拠」という研究論文です。[7] この見苦しいタイトルは、人間は霊能力を持ち透視力があるという、見るからに異常な発見の隠れ蓑でした。人間は未来を感じることができるらしいのです。

ベムの研究は、いくつかの古典的な心理学の実験手法を用い、それを逆向きに行いました。その1つは、先に述べたソーシャルプライミングのような、プライミング実験でした。サブリミナル画像（あまりにも素早いので意識に上らないような一瞬だけ見える画像）で人の行動を変えられるかを調べたいとしましょう。たとえば、2枚の同じ写真、たとえば木の写真を、1枚はスクリーンの左側、1枚は右側に映して、どちらか好きなほうを選んでくださいと言います。しかし、2枚の絵が映る少し前に、不穏な、または不快なイメージ（暴力的だったりむかつくような何か）が、左側か右側かのどちらかにほんの一瞬差し込まれます。これもあまりにも素早いので認識はできません。しかしここでの仮説（10〜20年前には誰もがかなり興奮した〝サブリミナル広告〟というアイデアの裏付け）は、無意識的に認識しているというものです。差し込まれるイメージが左だったら、左側の木のほうが好きという答えが減るかもしれません。右だったら、右側の木を選ばないかもしれません。これは有名なソーシャルプライミングの一部であり、一般的な実験モデルでした。

ベムの研究ではちょうど同じことをしたのですが、興味深いひねりを加え、順番を逆にしました。プライミングのイメージが木の写真（でも何でも）の後で見えるようにしたのです。そして、奇妙なことに、それでもなお、被験者が不快なプライミングのイメージと同じ側に映された木を選択する回数は減りました。その効果はわずかではありましたが統計学的に有意でした。これは霊能力のたまものとしか考えられないと、この研究はまったくもって真剣に主張しました。

もちろん、ここまで読んできたあなたには、これが何か他のせい、つまり単なるまぐれ当たりだろうということがお分かりでしょう。単にデータにノイズが多いというだけでも誤った結果になることがあります。真の結果を得ることもあるし、大きすぎる、または小さすぎる結果を得ることもあるでしょう。

これを読んだほとんどの人は、おそらく、人々の霊能力の〝真の〟レベルはゼロだと考えるはずです。しかし、データのランダムな誤差により、あたかも本当に何かが存在するかのような結果が返ってくることがままあるのです。

だからこそ、第14章で見てきたように、科学は個々の論文の単位では考えないし、考えるべきではないのです。そうではなく、その研究が他の研究全体と適合しているところが重要なのです。あるトピックに関するすべての研究を集めて統合するメタアナリシスや文献レビューを行うことにより、そうしたコンセンサスにたどり着くことができます。もし1つの研究で霊能力が実在することが分かったとしても、他の99の研究では実在しないことが分かっているのなら、おそらくはその1つは外れ値であり、まぐれ当たりだとして無視できるでしょう。

　とはいえ、そうするためには、そのトピックについて行われたすべての研究が発表されていることが決定的に重要です。しかし、科学の学術誌は面白い研究結果を掲載したがるので、そうはなっていません。ベムの研究の場合も明らかにそうではありませんでした。スチュアート・リッチー、リチャード・ワイズマン、クリス・フレンチの科学者グループが、新しい研究でベムの発見の1つを再現しようと試みましたが失敗しました。彼らの実験では結果はゼロでした。そして、ベムの論文を掲載した学術誌「パーソナリティーと社会心理学」は、彼らの論文の掲載を拒否しました[8]。同誌は斬新な、新しい研究を望んでおり、昔の実験の退屈な追試には興味を示さなかったのです。

　結局、その研究は、オープンアクセス［インターネット上で無料で閲覧できる］の学術誌「プロス・ワン」に発表の場を見つけました[9]。しかし、もしこれが論文として発表されていなければ、誰かがメタアナリシスをしようとしても、霊能力があったというベムの論文しか見つからず、他の論文はないことになります。学術誌が目新しさを求める結果、霊能力は存在するという科学的コンセンサスもどきができてしまうのです。実際、ベムの研究は、心理学の世界で大きな騒動を引き起こしました。というのも、心理学の研究者たちは、受け入れがたい2つの真実のうちどちらか1つを受け入れざるを得ないと悟ったからです。1つは、霊能力は存在する、もう1つは、心理学の科学としての裏付けとなる実験や統計の手法は意味のない戯言を量産できる、です。

(ベムが後に、このリッチーらの論文や他のいくつかの論文を含むメタアナリシスを行い、それでもなお、どうやら霊能力は実在するようだという結論を出した[10]ことは、触れておく必要があるでしょう。出版バイアス(後述)などはすべてチェック済みです。したがって、メタアナリシスをしてもなお、霊能力は存在する、または、心理学の科学としての裏付けとなる実験や統計の手法は意味のない戯言を量産できる、のどちらかが正しいことになります)。

こうした目新しさの要求は、出版バイアスと呼ばれる科学の根本的な問題に行きつきます。もし霊能力が存在するかについて100回研究が行われ、そのうちたとえば92回は存在しない、8回は存在するという結果であれば、霊能力は存在しないことを示すかなり良い指標になります。しかし、学術誌が目新しさを求めて、ポジティブな結果の出た8回だけを論文として掲載したら、世界は「未来は見える」と信じることになるでしょう。

ばかばかしい霊能力研究は1例にすぎません。しかし、もし出版バイアスのために、派手だが実際には効果のない新しい抗がん剤を医師が処方するようになるとしたら、それはまずいでしょう。残念なことに、それが起こっています。30年以上前、R・J・サイムスという研究者が、事前に登録された（研究を事前登録すると、結果が何も出なかったとしても、それを簡単にはそっとしまい込むことはできません。詳細はコラム❻を参照）がん研究の論文は、登録されていなかった論文に比べて、ポジティブな結果であることがずっと少ないと指摘し、事前登録されていなかった研究の多くは発表されなかったのだろうと示唆しました。[11] 抗うつ薬の効果について文献レビューを行ったグループは、55回の研究のうち13回は、単に一度も発表されなかったことを発見しました。そして、発表されなかった研究のデータを加えてみたところ、抗うつ薬の見かけ上の効果は4分の1減ったのです。[12]

コラム❻ファンネルプロット

ある分野で出版バイアスがあるかどうかをチェックする賢い方法があり、「ファンネルプロット」として知られています。ファンネルプロットには、あるトピックに関するすべての研究の結果がプロットされています。規模が小さく根拠として弱い研究ほど図の下のほう、規模が大きく強い研究ほど上のほうにプロットされます。出版バイアスがなければ、研究結果をプロットするとほぼ三角形になるはずです。規模が小さく統計学的な検出力が低い研究は下のほうに広がり（規模が小さな研究ほどランダムな誤差が多くなるため）、規模が大きく検出力の高い研究は上のほうに狭く集まります。同じ平均値の周辺に上の図のように集まるはずです。

しかし、実施されても発表されない研究がある場合、このような形にはなりません。何も結果が得られなかった研究はファンネルプロットから突如として消えてしまい、きれいな三角形の代わりに、偏った形ができます。下の図のように。

まるでアニメの「ロードランナー」に出てくる弾痕のついた壁のようですが、その一部にワ

対称的

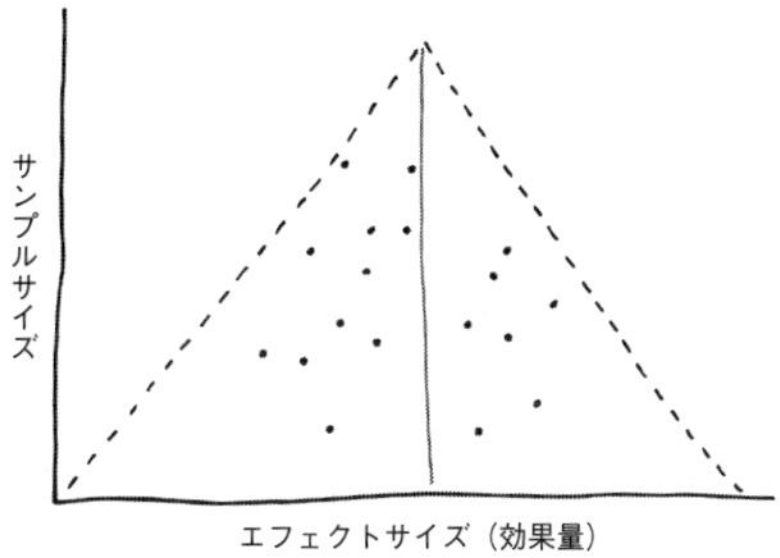

非対称的

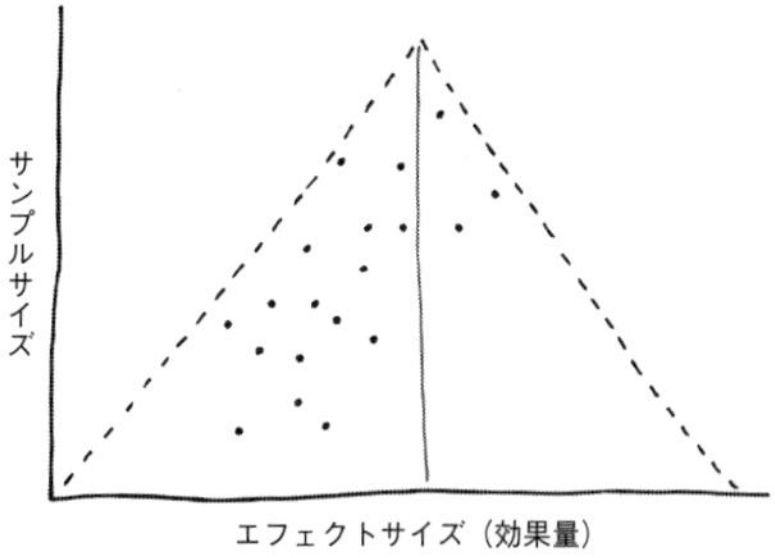

イリー・E・コヨーテの形をした、弾痕のない場所があることに気づきます［「ワイリー・E・コヨーテとロードランナー」はアメリカのアニメ作品で、コヨーテがロードランナーを食べようとし、いつも撃退されるストーリー］。弾痕がないこと自体、何かが起こっていることを示しています。もちろん、ほんの偶然で、マシンガンが壁のその特定の場所を撃たなかったということかもしれません。あるいは、不運なコヨーテがそこに立っており、弾がコヨーテを突き抜けて壁を撃つことがなかったので、弾痕がつかなかったのかもしれません。

同様に、ほんの偶然で、たくさんの規模が小さく弱い研究がたまたま平均以上の結果を出し、平均以下の結果だった研究は全くなかったということかもしれません。あるいは、平均以下の結果だった研究もあったけれども出版バイアスの魔法のおかげで発表されなかったために、本来プロットされたはずのところが謎の空白地帯になったのかもしれません。ファンネルプロットがこのように見えることがあるのには他の理由もありますが、出版バイアスが問題であることのヒントにはなります。

ファンネルプロットは、出版バイアスをチェックする唯一の方法ではありません。単に研究者に連絡をとって、行ったが未発表の研究がないかを尋ね、その未発表の研究が発表済みの研究と結果が異なる傾向にあるかを調べることもできます。結果はたいてい、異なる傾向にあります。(13)

製薬会社の場合、出版バイアスが生じるのは企業のむき出しの金儲け主義のせいだと言えるかもしれません。もし製薬会社が実施した抗うつ薬の研究で効果がないと分かったら、その薬を売って大金を稼ぐことはできません。これも確かに問題の一部かもしれません。もっともある研究によれば、製薬会社が資金提供した臨床試験はそうでない試験に比べて、1年以内に報告されることが多かった(アメリカの法律で義務化されているため)のですが。[14]

出版バイアスの主な原因はそうではなく、ほとんどの学術誌が、研究の結果を基に掲載論文を選んでいるからです。そのため、もしあなたが何かの研究(レストランでオーダーする前に「ラ・マルセイエーズ」[フランスの国歌]を口ずさむとフレンチフライを選ぶことが増えるかどうか、にしておきましょう)をするとしても、学術誌に投稿するのは通常、研究のアイデアを思い付いたときではなく、結果が出たときです。

「ラ・マルセイエーズを口ずさむことは料理のオーダーに影響しない」は、学術誌の論文タイトルとしては極めてつまらないので、ほとんどの学術誌は論文掲載を拒否するでしょう。しかし、口ずさむことが本当にオーダーに影響しないと仮定したとしても、もし20の研究グループが同じ研究をしたら、平均すると1グループは、単なるまぐれで統計学的に有意な（$p<0.05$）結果を得るだろうと考えられます（いつものように、研究自体は正しく行われたとします）。そうすれば科学文献に加えられ、メディアの記事の見出しになるのです。

本章の冒頭で紹介したマネープライミングの研究で起こったのはこれです。あるメタアナリシスは、出版バイアスがあったかどうかを調べるためにファンネルプロット（コラム❻参照）を用い、出版バイアスがあることを発見しました[15]。マネープライミングは実際に効果があるのかもしれませんが、その効果は、人気絶頂の頃にあると思われていたよりはずっと小さいようです。というのも、ネガティブな結果の出た研究の多くは、研究者の引き出しの中にしまわれているようだからです。

さらに悪いことに、科学者たちは、学術誌はネガティブな結果を掲載したがらないことを知っているので、そういう結果が出た論文は投稿しません。あるいは微調整を施します。おそらくは、新しい方法でデータを再解析したり、いくつかの外れ値を解析から除いたりして、結果がポジティブに見えるようにします。科学者のキャリアは〝パブリッシュ・オア・ペリッシュ（出版か死か）〟なので、学術誌に論文を発表できなければ、昇進もないし、テニュア（終身在職権）も得られません。そのため科学者には論文発表に大きなインセンティブがあります。突き詰めれば、彼らにはp値ハッキングをすることにインセンティブがあるのです。

そして、もしあなたが一般メディアの読者なら、事態はさらに悪くなります。もし研究が学術誌に掲載されても、それがつまらないもの（ラ・マルセイエーズを口ずさんでも面白いことが何ひとつ起こらない、という類）なら報道はされません。目新しさの要求は特にメディアで著しく、メディアとは結局のところ、文字通り〝ニュース＝新しいもの〟なのです。新聞は、飛行機が安全に着陸したという退屈でありきたりの記事よりも、新奇でエキサイティングでめったにない飛行機の墜落事故についての記事を掲載します。そのため人々の会話は、科学文献と同様、エキサイティングで危険なことがいかに多いかという偏った見方だらけになってしまいます。まったく同じプロセスなのです。

科学においてはこの問題を軽減するための崇高なる取り組みがあります。もっとも期待できそうなのはいわゆる「登録報告（Registered Reports 略してＲＲ）」で、学術誌は研究の方法に基づいてその研究の掲載に同意し、結果によらず掲載することで、出版バイアスを回避します。ある研究では、標準的な心理学の研究論文を心理学領域の登録報告と比較したところ、標準的な論文はポジティブな結果が96パーセントだったのに対し、ＲＲでは44パーセントしかなく、大きな問題があることが示唆されました(16)。ＲＲは急速に普及しつつあるので、まもなく論文発表の主流になることが期待されます。

もちろん、何も見つからなかった退屈な研究や、パリのシャルル・ド・ゴール空港に問題なく着陸したすべての飛行機について、主流のニュースメディアに報道してもらう現実的な方策はおそらくないでしょう。しかし、メディアは科学におけるこの問題について声を上げ始めることはできますし、それによってより多くの学術誌がRRなどの分別ある改革に取り組んでくれることを期待します。なぜなら、これは根本的な問題であり、なぜニュースに出てくる数字が必ずしも信頼できないのかの大きな理由だからです。

第16章 いいとこ取り(チェリーピッキング)

2006年のこと、オーストラリアの地質学者であるボブ・カーターが、イギリス版「デイリー・テレグラフ」に「地球温暖化には問題がある」と寄稿したとき、見出しは「それは1998年に終わった[1]」でした。それは、その後8年ほどにわたって書かれた多くの同じような記事の1つで、「テレグラフ」は「メール・オン・サンデー[2]」と並んで、その手の記事を多く掲載していました。

温暖化が1998年に止まったというアイデアは、「地球温暖化の停止」や「中断」についての長い議論につながりました。温暖化がスローダウンしたように見える(逆行したという説もあり)のはどうしてなのでしょうか?

正直に言うと、この問題は複雑です。なぜなら、気候とは複雑なものだからです。カオス理論とは1匹の蝶がブラジルで羽ばたくとテキサスで竜巻が起こることだ、と考えるのとは違います。予想や理解がめちゃくちゃ難しいのです。

しかし、たまたまですが、シンプルな説明があります。それは「1998年に観測を始めたから」というものです。

あなたはある日の午後、ビーチにいるとしましょう。波が寄せたり返したりしています。波が高く押し寄せてくることもあれば、低いこともあります。あなたは砂のお城をこしらえ、それが潮の流れで崩されるのを待っています（小さなお子さんと一緒にやるとよいでしょう。時の無情さや人間の努力の無益さを教えられます）。

しかし愚かにも、あなたは休日用コテージを離れる前に、潮が満ちるのか、それとも引くのかを確認しませんでした。そのため、見ているのはその時々の波の高さにすぎません。

ほとんどの時間、波はお城の城壁に数フィート届きません。3フィート届かないことも、2フィートのことも、4フィートのこともあります。しかしある時、たとえば午後3時50分にいくらか大きな波が来て、城壁の最上部にあるギザギザの部分に何とか跳ねかかり、その後はまたやや低いところにとどまるとします。もし波の高さを5分ごとに記録するなら次ページのようになるでしょう。多少の上下はあっても明らかに上昇傾向にあり、1回だけ異様な外れ値があります。

しかし、ちょうど子どものおやつの時間が来たので、あなたは皆を家に帰らせたいと思っているとしましょう。その場合あなたは、実際に潮は来ておらず、お城が壊れるのを待っていてもムダなので、さっさと車に乗り込んだほうがよいと、子どもを説得する必要があります。どうすればできるでしょうか？

とても簡単です。データの起点を決めればよいのです。子どもにはこう言いましょう。「見て、3時50分に潮は26メートルのところまで来た。でもその後50分間、そこまでは来なかった。3時50分以降は、潮は満ちてこなかったよ」と。

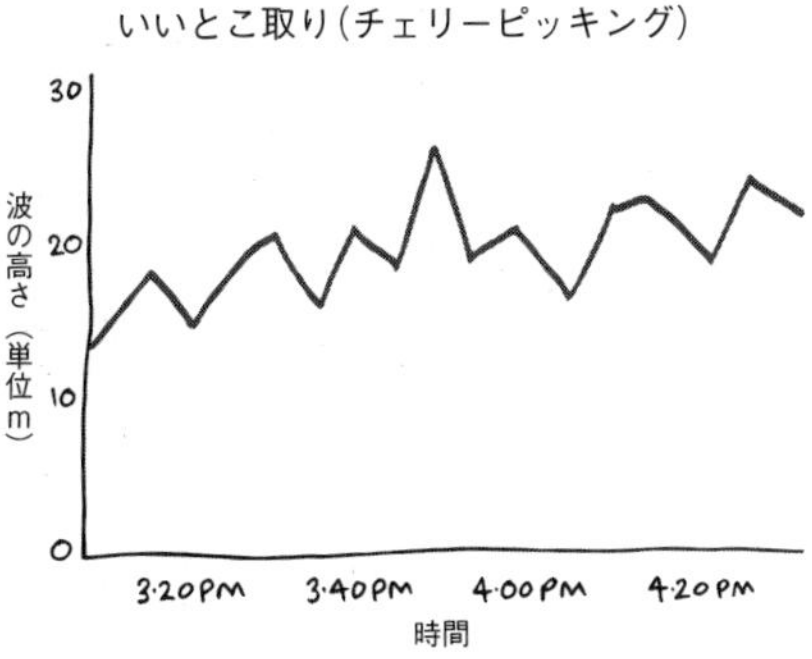

この言い方は、潮が同じ高さまで来ることはなかったという点においては真実ですが、誤解を招きます。もし3時50分以外の時刻を起点に選んでいたら、確実に上昇しているからです。3時50分の異様に大きな波（高速モーターボートが通ったからかもしれませんし、元気な地元のクジラかもしれません）はデータから突出していますが、低いところから高くなっていくという全体の傾向は変わりません。

自分の子どもにそんなことを言うなんて、あなたはかなりの変わり者に違いありません。しかしデータの扱いで、人々はしょっちゅうこれと同じことをしています。

2019年の「サンデー・タイムス」のトップ記事は、「ティーンエイジャーの自殺率はこの8年でほぼ倍になった」と言明しましたが、その記事では、さっきの想像上の父親がビーチでやったのとまったく同じことをしていました（ただし逆向きに）[3]。その記事では、イングランドとウェールズにおけるティーンエイジャーの自殺が記録上最も少なかった2010年を起点にしていたのです[4]。2010年を起点に測定すれば、まさにどの年も自殺率は上昇します（あるいは、2010年以前のどの年を起点に取ってきても、自殺率は下降します）。

起点と終点をいいとこ取り（チェリーピッキング）することは「結果が分かってから仮説を立てる（hypothesizing after results are known）」、略してHARKとして知られているやり方の一例です。まずデータを取り、その後に点検して面白いことを見つけるのです。気候変動や自殺といったノイズの多いデータでは、まるで波のように、特別な理由なく上がったり下がったりする自然の変動が見られます。やろうと思えば、異常に高い、または異常に低い点を起点か終点に選んで、上昇または下降傾向を示すのに使うことができます。潮の満ち引きのような長期の傾向を見つけるには、単に最高点と最低点だけを見るのではなく、より深くデータを眺める必要があるのです。

HARKの方法は他にもあります。データのうちどの部分を見るか、言い換えればデータを選択する基準を、好きに選べばいいのです。たとえば前述の自殺の記事ではティーンエイジャー、特に15〜19歳を見ていました。それ以外の年齢では自殺率の上昇は見られなかったのです。また、ティーンエイジャーの自殺はそもそも極めて稀なので、データにわずかでもランダムな変化があると、パーセンテージが大きく揺らぐことがあります。10〜29歳の若者一般を見ると、そのような急上昇はありませんでした。

気候に関するデータも同じです。確かに地表面の気温は長年、1998年のレベルに達しませんでした。しかし、海面から10フィートのところには、地球の大気全体に匹敵するほどの熱エネルギーが蓄えられています。

これは単なる気象学や自殺報道よりも広範な問題です。HARKは、目新しさへの要求と同様に、科学において非常に大きな問題なのです。オックスフォード大学のEBM(evidence-based medicine)センターによると、世界でもっとも高く評価されている医学の学術誌に発表された論文でも、臨床試験を登録した後で、求めるもの［検証したいアウトカム］を変更することがしばしばあり、しかもその変更について論文中に明記していませんでした。[5] それでは起点と終点を選ぶのと同じようなものであり、研究を成功させるためにまったく異なる選択基準すら選ぶことができてしまいます。アウトカムの変更にはもっともな理由があるのかもしれませんが、第5章で述べたp値ハッキングの一種にもなり得ます（加えて、当然ながら、変更したことを論文中に明記すべきです）。

多くの場合、これは回避するのが難しい問題です。データはどこかから始めなければなりませんし、通常は任意のどこかになります。もし数字が何度も大きく変動していたら、低い値を取るか高い値を取るかで、データから言えそうなストーリーが大きく違ってきます。たとえば、子どもの貧困を改善させたことを示したい政府与党なら、子どもの貧困度が特に高かった年を起点にして「見てください、下がりました」と言いたいでしょうし、野党なら、特に低かった年を起点にして「見てください、上がっているじゃありませんか」と言いたいでしょう。

明らかな傾向があるのか、それとも単にノイズが多くて線がふらつくのかをチェックするのに、より広い視野を持つことが助けになります。しかし、結果がもっとも劇的になるようにデータの起点と終点を意図的に選別するとしたら、誤ったストーリーを語ることになるのはほぼ確実です。

ちなみに、「1998年以降温暖化はない」関連の論文は、2014年、2015年、2016年が、すべてそれまでより暑く、さらに、すべて前年よりもっと暑くなり、恐るべき〝記録上最高に暑かった〟3年間だったために、ほぼ絶滅しました。誤ったストーリーを語るために外れ値を選ぶことは、やりたければできます。でも結局は、いずれにせよ潮は来るのです。

第17章 未来を予測する

イギリス予算責任局（OBR）は、数カ月ごとに国の経済動向予測を発表し、当然ながらメディアはその予測を報道します。たとえば「ガーディアン」は2019年3月に、OBRはその年より1・2パーセント成長すると予測していると（正確に）報じました。[1] 相対的に見れば悲観的な推定値でしたが、記事では長期的な見通しはより明るいと語られていました。

もちろん、長期的に明るくはなりませんでした。ほぼきっかり1年後、イギリスはCOVID-19対策でロックダウンに突入し、経済は2カ月も経たないうちに25パーセント縮小しました。OBRや「ガーディアン」に、地球規模のパンデミックが来るという予想を期待するのはおそらくアンフェアでしょう。とはいうものの、「今年の会計年度は1・2パーセント成長を予測」とか「今四半期の失業率は2パーセント減少」とか「地球の気温は2100年までに2・6度上昇」といった予測は、そもそもどのように作られているのでしょうか？　私たちはそれを信用すべきなのでしょうか？

経済のことはちょっと忘れて、北ロンドンの天気について考えることにしましょう。この原稿を書いている日、BBCのお天気アプリでは、ハーリンゲイ地区は午後2時から、雨が降っている黒い雲のマークになっています。これを見ると、午後2時に雨が降りだすという意味だと思うでしょう。

でもあなたはたぶん間違っています。マークの下はパーセンテージで、23パーセントと表示されています。お天気アプリは、2時にはたぶん雨は降りそうにない──実際には4分の1未満──と考えているのに、どういうわけか「雨」マークを出してしまうのです。(もしあなたが、本書を読む数カ月前のある日の、たぶんあなたが住んでいない場所の天気に関心があるとするならですが、午後遅くであればもう少し確実でした。午後7時には、アプリで雨が降る確率は51パーセントでした。こんなことを言っても意味ないかもしれませんが、午後2時の時点ではまだ、美しく晴れ渡る青空でした)。

天気予報は、未来に開かれた神秘の窓や、知恵を授ける占い師ではありません。あなたの判断を助けるための、降水確率の最良の推測です。天気予報はあてにならないと耳にすることは多いでしょう。たとえば、天気予報では大きな太陽のマークが出ており、雨の降る可能性はたった5パーセントと言っているとします。あなたはバーベキューを企画して友達みんなを招待します。炭に火を入れた途端、突然雲があたりを覆い、ひどい雨になって、生焼けのビーフバーガーを持ったままで皆がびしょ濡れに……。

でも、天気予報は、雨が降る可能性は5パーセントと言ったわけで、0パーセントではありません。アプリが5パーセントの可能性ありと20回言えば、そのうち1回は雨が降ると考えてもよいはずです。テキサス・ホールデム［ポーカーの一種］で同じ種類のカードが3枚揃う可能性は約5パーセントです。もしやったことがあるなら、たぶん何度かは同じ種類が3枚揃う手になったことがあるでしょう。もし今すぐ勝負するとしたら、この手が来ることはまずないでしょうが、しょっちゅうやっているなら、その手が来ても驚かないはずです（あるいは、あなたが「ダンジョンズ&ドラゴンズ」［世界初のロールプレイングゲーム］をするなら、20面のサイコロで1が出るのがどのくらいか知っていますよね）。

あなたは、お天気アプリが雨の降る可能性は5パーセントと言って雨が降らなかった19回かそこらのことは、十中八九覚えていません。しかし、雨が降った1回のことは覚えているはずです。

だから天気予報が正しいかどうかについて語るのは難しいのです。もしアプリが雨の可能性はたった1パーセントと言い、外出を計画して雨が降ったら、腹を立てて当然かもしれません。ただそれでも、天気予報は「でも、降る可能性はあると言いました」と言うかもしれません。では、天気予報が何かの役に立つのかどうか、どうすれば分かるでしょうか？　雨が降る見込みは、ポーカーの手やD&Dのサイコロの目のように、数学的に決まるわけではありません。

簡単です。天気予報を何度も見て、1パーセントという予想が1パーセントの頻度で起こるか、10パーセントの予想が10パーセントの頻度で起こるか……を調べるのです。雨の降る可能性が5パーセントという予報が1000回あり、そのうち約50回で雨が降れば、予報は当たったと言えます。雨がそれよりずっと多かったり、少なかったりしたら、予報が当たらなかったことになります。天気予報の予測能力を数字で示すことができるのです。

じつのところ、天気予報は、何であれ未来予想のスタンダードからすれば、ものすごく正確です。たとえば、イギリス気象庁の2016年のブログ[2]によると、イギリス気象庁は、翌日の気温を約95パーセントの確率で正しく（誤差2度以内）伝え、3日後でも89パーセントだそうです。

コラム❼ブライアスコア

予測の能力はブライアスコアと呼ばれる指標で測定することができます。前述した通り、あなたのスコアは、あなたの予測がどのくらい正しいかを示しています。もしあなたの70パーセントという推測が70パーセントの確率で起こったら〝よく当たっている〟と言えます。55パーセントでしか起こらなければあなたは確信を持ちすぎですし、95パーセントで起こったらあなたは確信がなさすぎます。

しかし、予測がどのくらいよく当たるかだけでなく、どのくらい特異的かも気になるはずです。たとえば何かが起こる可能性が95パーセントとか5パーセントと言えば、可能性55パーセントと言うよりずっと判断に役立ちます。賭けをするか、ある政策を支持するか、あるいはバーベキューを計画するかどうかを決める際、予測がよく当たり、かつ確信を持っている人は、よく当たるけれども漠然としている人よりも、予測屋として役に立ちます。

ブライアスコアは、予測の精度が高くかつ当たっていれば褒美を与え、予測の精度は高いけれども外れていれば罰を与えます。ブライアスコアの計算には二乗誤差［正しい値と予測した値の差（＝誤差）を二乗した値］を使います。

たとえば、明日雨が降る確率は75パーセントだと予測するとしましょう。ブライアスコアを出すには、まず予測した値（今回は75）を100で割って0から1の間の値（今回は0・75）を得ます。次に、雨が実際に降ったかどうかを調べます。もし降ったら1、降らなかったら0とします。

誤差とは、実際の結果とあなたの予測との差です。もし雨が降ったら結果は1で、予測は

0・75ですからそれを1から引いて二乗します（これは重要です。こうすることにより、確信があって正しい推測はスコアがよくなり、確信はあっても誤った推測はスコアが悪くなります）。そうするとスコアは0と1の間になり、0なら完璧な予測、1は完璧な外れ――つまり、ゴルフ同様、スコアが低いほど良いということになります。今回の場合、ブライアのスコアは $(1-0.75)^2=0.0625$ です。

しかし、予測を間違えて、雨の降る確率を25パーセントと予測していたとすれば、ブライアスコアは $(1-0.25)^2=0.5625$ になります。

もう少し複雑になることもあります。2つだけではなく複数の選択肢から選ぶ必要があることもしばしばあり、その場合、スコアの計算はもう少し複雑になって、答えは0から2の間になります。さらに、単に雨が「降った」か「降らなかった」かではなく、気温の予測のように、より多くの結果が起こり得る場合は、もっと複雑になります。しかし、基本は同じです。

ブライアスコアは天気予報のために開発されましたが、明確で、検証が可能な未来の予想であれば何にでも使えます。来年の今ごろまでに北朝鮮に新しい指導者が出てくる確率は66パーセントとか、ピッツバーグ・スティーラーズ［アメリカンフットボールのチーム］が2021年のスーパーボウルに勝つ確率は33パーセントと言う場合、その予測は天気予報とまったく同じ方法でブライアスコアを計算できます。

雨が降るか降らないかといった二者択一の予想ではない場合もあります。ボツワナにおける来年のマラリアの症例数とか、（前述した例のような）ＧＤＰの値とか、明日のクラウチ・エンド［ロンドン北部にある町］の気温といった、変動するものを予想することもあるでしょう。その場合、シンプルな「イエス」か「ノー」ではなく、ほしいのは数字だと思います。たとえば、経済は3パーセント成長するだろうとか、マラリア患者は９００例だろう、というように。

もちろん、ちょうど3パーセントとか、ちょうど９００例ということにはならないでしょう。そのため、またもやp値と同様に、不確実さを示す範囲［信頼区間］を出す必要があります。信頼区間とは、予測した値を中心に、実際の値の何パーセントか（通常は95パーセント）が含まれることが期待される範囲のことです。たとえばクラウチ・エンドの明日の気温は18度と予想し、その95パーセント信頼区間は13度から23度、と言うことができます。予測する人が確信を強めるほど信頼区間は狭くなりますし、確信が弱ければ信頼区間はけっこう広くなります。

天気は複雑であり、実際のところ、複雑で無秩序なシステムの実践的な例と言えます。とはいえ結局は物理です。より良いアルゴリズムとよりパワフルなコンピュータがあれば、さらによく理解できるようになります。

私たちが予測したいのは天気だけではありません。人間の行動――たとえば、一国の、さらには世界の何百万人という人間の行動の結果である、経済成長も予測しようとしています。それは実際、天気よりもっと複雑です。その理由の1つは、人間は予想に反応してしまうからです。明日は雨になるだろうと予測しても、その予測は実際に雨が降るかどうかに影響はないでしょう。ところが、株式市場が値上がりするだろうと予想すると、人々が株を買うかどうかが変わるかもしれません。

（私たちのうち一人〔著者のデイヴィッド・チヴァース＝経済学者〕がげんなりしながら言うところによれば）経済学者は、人間は予想するには複雑すぎるからモデル化するのは不可能だと言われることが多いそうです。でもそれは真実ではありません。もしそうなら、人間の行動に関する推測が当たるのは偶然でしかないはずですが、そんなことはないのは明らかです。たとえば私たちは、あなたが本書を読んでいるときに逆立ちはしていないだろうと強い確信を持って予想できます。座っている可能性のほうがずっと高いでしょう。人間の行動について、かなり信頼できる予想が立てられる場合もあるのです。そして、経済に関する予測や世論調査に基づく選挙の予測は、ランダムな推測よりずっとよく当たります。

予測はモデルに基づいています。予測とは、経済は2パーセント成長するだろうとか、週末にかけて12ミリの雨が降るだろうといった見通しです。モデルとは見通しを立てるのに用いるもので、世界のある一部のシミュレーションです。

モデルを考えるとき、数学や方程式のような複雑なものを考えます。確かに複雑なことも多いですが、シンプルにもできます。

今から1時間の間に雨が降る可能性はどのくらいかを調べたいとしましょう。そこで〝窓の外を眺める〟モデルと命名されたモデルを構築します。窓から外を眺めた後でまずすべきは、どの情報が役に立ちそうかを判断することです。

空の曇り具合は明らかにその1つです。もし見渡す限り雲ひとつない青空なら、雨が降る可能性は非常に低いでしょう。もし完全に雲で覆われていたら、雨が降る可能性はずっと高くなります。雲が半々なら、雨の可能性もおそらくその中間です。

ここまでは分かりますね。次に、別のちょっとした情報、たとえば雲がどのくらい暗いかを加えましょう。他にも場所、季節、気温、風速といった、より多くの情報を加えたくなるでしょうが、まずはこの2つの変数だけで始めましょう。

毎回「雲の量と暗さを掛け合わせると降水確率に等しい」と書くのはちょっと面倒ですので、略語を使います。雲の量を「C（cloud）」、降水確率を「R（rain）」、そして（単に科学っぽい重みを加えるために）平均的な雲の暗さを「β（ギリシャ文字のベータ）」とします（これは私たちのモデルなので、好きなように呼ばせてもらいます）。方程式は$\beta C = R$になります。

この方程式が私たちのモデルです。

窓の外を眺め、空は雲に覆われているけれどごく薄いグレー、言い換えると、１００パーセント雲に覆われ、10パーセントの暗さだとしましょう。それがインプット（入力）です。そして、その数値をモデルに代入すると１００パーセント×10パーセント＝10パーセントになり、私たちのモデルでは降水確率は10パーセントという結果が出ます。これがアウトプット（出力）です。

こんな方程式では多分ダメですね。必要なのはフィードバックです。モデルを使って予想をし、それがどのくらいの頻度で正しいか（雨が降ると予想したらどのくらいの頻度で雨が降るのか？）を調べ、その結果を使ってモデルをアップデートします。おそらく、雲の暗さがより重要であることが分かり、それにもっと重みを付けなければならないでしょう。そうならないかもしれませんが、それがモデルというものです。もっとずっと複雑なモデルも作れます――気象庁のモデルは１００万行以上のコードでできています――が、原理は同じです。データをモデルに代入して、アウトプットを吐き出すのです。

別の例として、ＣＯＶＩＤ－19の脅威にさらされている間に非常に有名になった感染症のモデルがあります。古典的なものはＳＩＲモデルと言い、ある集団を、感染の可能性がある感受性者（Ｓ：susceptible）、感染者（Ｉ：infected）、回復したためもう感染する可能性がない回復者（Ｒ：recovered）に分けます。このモデルでは基本的に、人々をランダムに相互作用する点と見なしています。感染者が感受性者にどのくらい感染させやすいか、そして、感染した人自身が感染力を持つのにどのくらいの時間がかかるかについて仮説を立てて、現実の集団で病気がどのくらいの速さで広まるかを予測します。人々がより小さな集団で混ざり合うとか、感受性の程度が人によって違うといったパラメータを加えれば、さらに複雑なモデルにすることもできます。また、予測を現実の結果と比較したり、どのくらいの速さで病気が実際に広まっているかに関する実地データを見たりすることによって、モデルに実世界からのフィードバックを加えることもできます。当然ながら、モデルは実世界そのものではありませんので、モデルを複雑にすればするほど正確さが増すとは限りません。それゆえ、モデルが実際の結果に比べてどうなのかを検証する必要があります。

結局のところ、場合によっては（たとえば天気のような）、実験とフィードバックによって、かなりパワフルで信頼できる予想が得られます。しかし、そうであってもすべては不確実です。多くの場合、現在を〝予測する〟ことすら難しいということは注目に値します。大多数の経済学者は、直近の三度の不景気が訪れた後ですら、それを不景気とは考えていませんでした(3)。経済のような複雑なことは理解が難しいのです。

では、財政予測はどうでしょうか？　まあ、前述の通り、予算責任局は実際に2019年3月、2020年の経済成長率は約1・2パーセントであり、その後はわずかに成長が速まると予測しました。しかし、この予測における95パーセント信頼区間は、マイナス0・8パーセントからプラス3・2パーセントでした。

問題は、記事の見出しには通常、「経済成長はおそらく、かなり深刻な不景気から大規模な好景気の波の間のどこかになるでしょう」と書けるほどのスペースがないことです。そのため通常は、推定値の真ん中の値である1・2パーセントが、報道されることのすべてです。

(今回の場合、現実の結果は、95パーセント信頼区間のかなり外側になりそうです。GDPは大幅に、2ケタの下落になるでしょう。しかしそれでもたぶんOKです。というのも、壊滅的なパンデミックは20年に1回も来ないので、95パーセント信頼区間の内側に収まるわけがありませんから)。

あなたは読者として、予測がどのように作られるか知っておく必要があるし、予測が運命のお告げでも偶然の産物でもないことを知る必要があります。予測は統計学的モデルのアウトプットであり、まあまあ正確です。そして、それがとてもきりのいい数字（1・2パーセントとか、死者5万人とか）である場合、それはずっと広い信頼区間の内側にある推定値の真ん中の値を指しています。

さらに重要なのは、メディアはそうした不確実性を報じる義務があるということです。なぜなら、「経済は今年1・2パーセント成長するでしょう」と言われるのと、「経済はやや縮小するかも、かなり成長するかも、またはその間のどこかになるかもしれませんが、ベストな推定値は1・2パーセント成長のあたりです」と言われるのとでは、反応が大きく違うだろうからです。メディアには、読者や視聴者を、不確実性に対応できる大人として遇し始めてもらいたいのです。

第18章

予測モデルにおける仮定

2020年3月末、「メール・オン・サンデー」は、気難しがり屋のコラムニスト、ピーター・ヒッチェンズによる、イギリスと世界のCOVID-19の感染拡大や死亡者数の予測に使われたモデルはおかしいのではないかという記事を掲載しました。(1) イギリスでは当時、COVID-19の死亡者数が1000人ほど確認されていましたが、(2) その2週間前に、インペリアル・カレッジ・ロンドンのニール・ファーガソン教授の研究チームが、自分たちのモデルを発表していました。それによれば(もし修正されないままであれば)死亡者数は50万人に達する可能性があるとのことで、(3) 政府はそのモデルがリリースされた3月16日にロックダウンを実施しました［イギリスがロックダウンに入ったのは3月23日。日付は著者の勘違いとは思われる］。

ですが、ヒッチェンズがコラムを書いた時点で既に、ファーガソンらの当初の推定値は変更されていました。ヒッチェンズは「彼は自分の恐ろしい予言を、最初は2万人未満に、さらに金曜日には5700人へと二度も修正した」と書き、ファーガソンを「当初のパニックの主な責任者の1人」と批判しました。

これは本当でしょうか？　そのモデルは本当にそんなにもアウトプットを変更したのでしょうか？　そしてこのことは、モデル全体が用をなさないということのエビデンスになるのでしょうか？

前の章では、モデルと、モデルがどう機能するかについて説明しました。しかし、モデルを使うと予測の数字がどう出てくるかについて、もう少し詳しく考えてみることも重要です。インペリアル・カレッジのようなモデルは、どのようにして50万人もが死亡するという数値に至り、他のモデル[4]（3月26日にオックスフォード大学が発表したような）ではやたらと違うことを言っているように見えたのでしょうか？（そして、もしヒッチェンズが正しければ、どうしてインペリアル・カレッジ自身のモデルは、ほんのわずかしか経っていないのにやたらと前と違うことを言っているように見えたのでしょうか？）

その答えは、こうしたモデルの〝仮定〟にあります。仮定について考えるために、ブレグジット［イギリスのEUからの離脱］についてお話ししましょう。

2016年6月の国民投票の前に、たくさんの経済モデルが巷を飛び交いました[5]。そのほとんどは、ブレグジットは経済に悪い影響をもたらすと予想していましたが、非常に有名になったあるモデルでは、景気が上向くと予想しました。これはパトリック・ミンフォード［カーディフ大学教授、マクロ経済学者］が率いる「エコノミスト・フォー・ブレグジット」というグループが作ったモデルで、〝GDPの4％分の福祉予算の上昇と消費者物価の8％の下落〟を示唆していました[6]。

この原稿を執筆している時点で、イギリスはEUを離脱して数カ月しか経っていません。イギリスはまだ移行期にあり、EUの規制や要求に従っています。これまでのところ、誰が正しいのか、確かなところは分かりません。これらのモデルはブレグジットの長期的な影響を見ており、長い目で見なければ判断できません。

とは言え、今すぐ判断が可能な、短期間の予測をしているモデルもあります。イギリス財務省は投票の数週間前に、独自の経済モデルを用いた予測結果を発表し、「離脱賛成に投票すれば、経済に迅速かつ深刻なショックを招くだろう」し、「イギリス経済は不景気に陥るだろう」[7]として、GDPが3・6パーセント落ち込み50万人が失業に追いやられると示唆しました。ただ、それは実現しませんでした。不景気にもなりませんでした。

何を間違えたのでしょうか？　GDPに影響を及ぼす他の要素を見てみましょう。モデルが示唆した通り、投資と製造は落ち込みました（イギリスの経済や貿易の先行きが不透明だからです）が、消費支出は依然として高く、そのためイギリスは不景気に陥らずに済みました。

モデルの作成者は、消費支出が落ち込むと仮定していました。1人1週間当たり5ポンドを超えるひどい落ち込みのあった2008年の財政危機に倣って、そう仮定していたのです。[8](5ポンドの下落は一大事です。今世紀に入ってから、平均消費支出額は——2014〜15年を除いて——毎年増えています。2014〜15年は1人1週間当たり60ペンス下落しました)。

モデル作成者側の仮定が悪かったのでしょうか？ 今となってみれば、明らかに仮定が間違っていました。しかしそれを今言うのは簡単で、当時としては合理的で最良の推察だったのでしょう。

モデル作成者が採用する仮定は、報告書がどのような結論になるのかを決定づけるものであり、したがってメディアにおいても同じです。モデルとは単に、その仮定の下で論理的な結論を導きだすというものです。もし私たちが、A＝BかつB＝Cと仮定すれば、モデルはA＝Cと言ってくれます。

これは多かれ少なかれ、私たちが常にやっていることです。私たちが何かを判断する際は、種々の暗黙の仮定があります。数学的な議論と同様に、文書による議論も仮定に基づいています。ただ、数学的なモデルには、そうした仮定の多くが明示的になるという利点があります。「消費支出の落ち込みは1パーセントから5パーセントの間になるだろう」と言えば誤解の余地はあまりありません。

問題は、その仮定が現実的なものか、そして現実的であるならどの程度か、という点です。とはいえ、非現実的な仮定を置くこと自体は悪いことではありません。前の章で私たちは、天気予報のためのとてもばかばかしいモデルを作りました。そこでは、空の色の暗さと空を覆う雲の量の多さで雨を予想できると仮定しました。

このような仮定の多くは、経験的なエビデンスに根差しています。たとえば財務省の予測は、財政危機に際しての人々の行動からの経験的なエビデンスに基づいていました。私たちの「空の色×雲の量」仮説では、空が雲で覆われることと降雨との関連を示す論文を引用して、モデルのエビデンスにしようとするでしょう（あえてそこまではしませんが）。

しかし、私たちのモデルは非常にベーシックなものでしたので、多くのことを入れられませんでした。たとえば、位置の要素は何も入っていません。そのため暗黙のうちに、すべての場所が同じであると仮定していることになります。つまり、世界は同一の景観を持つフラットな平原だということになりますが、そんなことはありません。現実とは異なります。

つまり私たちのモデルは、非現実的な仮定を採用していることになります。でもだからといって、これはゴミだと言えるでしょうか？

まあ必ずしもそうとは限りません。このモデルに位置データを加えれば、予測は改善するかもしれませんが、その代わり複雑さが増してしまいます。集めなければならないデータがさらに増え、コンピュータの能力もさらに必要になります。そうすることに価値があるかどうかは、それでどのくらい正確さが増すかによります。私たちのモデルのようなばかばかしいものでは大した話ではありませんが、より大きく、より複雑なモデルで、何ダースもの変数を扱っている場合は、正確さとシンプルさのトレードオフはとても現実的な問題です。統計家が言うように「地図は領土ではない」のです。あなたをA地点からB地点に連れていってくれる衛星ナビゲーションは、途中にあるすべての家のドアの色を示す必要はありませんが、どこに交差点があるかは示さなければならないのです。

奇妙で非現実的な仮定をあえて入れることもあるでしょう。たとえば多くの感染症モデル（インペリアル・カレッジのモデルは別として）では、あらゆる人がランダムに混ざり合うと仮定しています。これは明らかに、人々が交流する方法ではありません。遠くの町に住む人より、自分と同じ通りに住んでいる人のほうが、ばったり出会う機会は多いはずです。しかし、そんな変数を入れたらモデルはものすごく複雑になるでしょうし、入れた分だけ予測能力が上がることはないかもしれません。たとえば、基本モデルは10パーセント以内の誤差で降水確率を予想でき、複雑モデルなら5パーセント以内ということもあるかもしれません。その差が重要かどうかは、どの程度の正確さを必要としているのか、そして、追加された正確さにどのくらいのコスト（複雑さやコンピュータの能力の意味で）がかかるのかによります。

問題は、仮定が非現実的な場合ではなく、その非現実的な仮定が結論に大きく影響する場合に生じます。エコノミスト・フォー・ブレグジットのモデルに戻ると、これが他の予測と著しく違っていた1つの理由は、〝経済の重力〟として知られている概念に関する仮定にありました。物理的な重力の法則では、2つの物体間の相互作用は、物体の大きさと距離の2つに依存します。そのため地球の潮の満ち引きは月の影響を大きく受け（宇宙のスケールでいうと月は小さいが地球に非常に近い）、木星の影響はほとんど受けません（木星は非常に大きいが地球から離れている）。

〝経済の重力〟も同じです。ある国と別の国との貿易は、国の大きさと距離との2つから影響を受けます。イギリスは中国よりもフランスとより多く貿易をしていますが、その理由は、フランスは中規模の国ではあるが近く、中国は巨大だけれども非常に離れているからです。[9] これは経験上の観察[10]に基づいており、ほとんどの経済モデルで重要な仮定になっています（エコノミスト・フォー・ブレグジットのモデルに対するLSE＝ロンドン・スクール・オブ・エコノミクスの経済学者による批判によれば、これは〝国際経済においてもっとも信頼度の高い経験上の関係性〟[11]だそうです)。

しかし、エコノミスト・フォー・ブレグジットのモデルでは、貿易は、国がどのくらい大きいかと、扱う品物がどのくらい安くて高品質かだけによって決まり、国が離れていようが近かろうが同じであると仮定していました。

これは、少なくとも現状のグローバル経済では、現実的な仮定とは言えません。繰り返しになりますが、仮定自体が悪いわけではありません。距離にかかわらずすべての国が同じように貿易をすると仮定することにより、何らかのとても正確な予想ができるのかもしれませんし、距離の要素を加えるとモデルの有用性が増すというよりむしろ複雑になるだけなのかもしれません。

しかしこの点は、モデルのアウトプットが大きく変わる可能性のある仮定であり、これを含めるか含めないかをどのように判断したのか理解することが重要です。ＬＳＥの批判は、貿易モデルに〝経済の重力〟の方程式を入れると、エコノミスト・フォー・ブレグジットのモデルの他の仮定をすべて維持したとしても、結果が、経済を「4パーセント押し上げる」から、「〝イギリスの1人当たり収入の2・3%減少に相当する額〟を吹き飛ばす」に変わることを発見しました。

私たちはここで、どちらが勝者かを宣言するつもりはありません。ブレグジットの影響をある程度正確に知るには何年もかかるでしょう。そして、この問題は党派性が強いために、〝経済の重力〟の方程式について聞いたことがあろうがなかろうが、いずれにせよブレグジットの影響は大きな議論になるに違いありません。

さて、インペリアル・カレッジのモデルと、アウトプットの見かけ上の変化はどうなったのでしょうか？　ヒッチェンズの批判は正しかったのでしょうか？

手短に言えば、そうでもありませんでした。インペリアルのモデルが非の打ちどころがないほど素晴らしかったわけではありませんが、ヒッチェンズの批判は的外れでした。ヒッチェンズが、ファーガソンがモデルを修正して今度は５７００人の死亡を予想していると言ったとき、彼は単純に混乱していました。これは別の科学者グループ（インペリアル・カレッジの疫学部門ではなく電気工学部門）による別のモデルのものでした[12]。こちらはずっと単純なモデルで、イギリスのデータを中国の曲線に重ねていました。ヒッチェンズのコラムが発表された時点で、ファーガソンのモデルを作った科学者の１人が推定値を修正済みで、少なくとも２万人が死亡するとしていました[13]。

とはいえ、50万人から２万人に下げるというのはどうなのでしょう？　何が起こったのでしょうか？

それはつまり、仮定が変わったのです。人々の行動と、それがどのように病気の拡散に影響するかに関する、1つの、いやおそらく複数の仮定がモデルに組み込まれました。ロックダウンの前のモデルでは、人々は依然として大いに外出し、互いに接触してウイルスを広げると仮定されていました。ロックダウン後は、そのような行動はずっと減ると仮定されました。この新しい仮定をモデルに組み込むと、結果の数字が違ってきました。実際、もとの3月16日の論文では、ロックダウンのようなことがあった場合にどうなるかもモデル化しており、そのような介入をしない場合に比べて死者数はずっと少ないと予想していました。

何か――感染の第二波、不景気、3℃の温暖化、次の選挙での保守党勝利――を予想する〝モデル〟についての記事を読む際は、そのモデルがどんな仮定を置いているかについて少しでも知っておくととても役に立つということを覚えておきましょう。ただ多くの場合、役に立つ詳細な情報は、記事には見当たらないのですが。

第19章 テキサスの狙撃兵の誤謬

２０１７年の総選挙の前、調査会社はほぼ一致して、労働党が惨敗するだろうと断言していました。しかし選挙の10日前になってユーガブが、保守党は約20議席を失い、その結果テリーザ・メイ首相は過半数を維持できなくなるだろうとする〝ショッキングな世論調査〟（実際には世論調査ではなく、世論調査のモデル）を発表しました[1]。

選挙の日の夜が来て、結果が判明しました。保守党は13議席を失いました。ユーガブの〝事後層化を伴うマルチレベル回帰分析〟（ＭＲＰ）モデルは、他の調査よりはるかに優れていたのです（最終結果は、ユーガブの予想の誤差範囲にとどまっていました[2]）。

２年半後、メイが退陣してボリス・ジョンソンが首相の座につき、次の選挙になりました。今度は、皆がユーガブのＭＲＰモデルに注目しました。投票日の数日前に発表された最終モデルでは、保守党が過半数を28議席上回るという僅差で勝利するとしていました[3]。ある著名な政治ジャーナリストは「新たなユーガブの世論調査によれば、今回の選挙は大

接戦だろう」と報道しました。(4)

COVID－19のパンデミック、財政危機、最新の選挙結果などを予想できたはずだという考えにはそそられます。そして、実際に何かを予想した人には何か並外れた予知能力があり、その人の言うことを聞くべきだったと思いたくなります。でも、そうすべきなのでしょうか？

2019年、カリフォルニアで携帯電話のアンテナが移設されました。大したことではないように見えるかもしれませんが、このニュースは世界中を駆け巡りました。(5)そのアンテナはもともと、カリフォルニアのリポンという町の小学校の近くにありました。そして、10歳未満の4人の子どもががんと診断された後に、そのアンテナは移設されました。ちなみに、その年齢でがんになるのは極めてめずらしいことです。

しかし、携帯電話のアンテナはがんの原因ではありません（良い科学コミュニケーターとしては、おそらく「携帯電話のアンテナががんの原因であるという十分なエビデンスはありません」と言うべきなのでしょうが、「十分なエビデンスはない」という言い方は、ほとんどの人には「お前は何も証明できねえんだよ、ポリ公」みたいに聞こえるようです。なので、電話とがんの関連に関しては疫学的な根拠はなく、関連づける確かな理論的理由もないので、携帯電話のアンテナはがんの原因ではない、と言ってしまいます)。

では、どうしてがん診断のクラスターが起こったのでしょうか?

何か原因がある(地下水汚染という説もあり)のかもしれませんが、それと同じくらい、「何もなかった」のかもしれません。[6] アメリカでは毎年、15歳未満の子ども約1万1000人ががんと診断されています。[7] リポンの事例は2016年から2018年の間に起きたので、その間には約3万3000人ががんと診断されたと考えられます。アメリカには小学校が8万9000校あり、単純なポアソンの計算(詳しくはコラム❽を参照)によれば、どの3年間をとっても、約50校で4人以上のアウトブレイクが起きることが示唆されます。

コラム❽ポアソン分布

アメリカのすべての小学校に、きっちり同じ平均的な人数のがん患者がいるとは思えません。平均値の前後にランダムなばらつきがあり、ある学校では多め、別の学校では少なめになるはずです。そのようなばらつきは、第3章で出てきた正規分布に少し似ています。しかし、ある特定の期間にある結果がどのくらい起こりそうかを判断するには、正規分布とは微妙に異なるポアソン分布を見る必要があります。

フランスの数学者であるシメオン・ドニ・ポアソンは１８３７年に『裁判の確率の研究[8]』という本を出版しています。そこで彼は、陪審員の人数、間違える可能性、被疑者が有罪である事前確率といったいくつかの特定の変数の下で、フランスの法廷において誤った有罪判決がどのくらい出そうかを検討していました。

答えにたどり着くために調べる必要があったのは、1年間（または1時間、または特定の期間なら何でも）に何かが平均してX回起こるとすれば、それが1年間にY回起こる確率はどれくらいか、ということでした。グラフを見てください、ポアソン分布とはこのようなものです。カーブは点を結んでできています。

前提となる平均値が小さくなるほど曲線は高く、かつ左にシフトし、平均値が大きくなるほど、曲線は平らに、かつ右にシフトします。Y軸は確率を示し（最大値は1）、X軸は何かが起きる回数を示します。X軸で何か調べたいことが起こる回数のところを見ると、Y軸にそれが起こる確率が示されます。

たとえば、ある校区では毎年平均して15人ががんになるとしましょう。その場合、今年20人ががんになる確率はどのくらいでしょうか？　ポアソン分布の式に数字を代入すると（あるいは私のように手近なオンライン計算機を使うと）４パーセント（０・０４）と出てきます。

しかしそれは、ちょうど20人である確率です。21人や22人であっても同じように驚くはずです。なので、ある年に、ちょうど20人ではなく、20人以上となる確率を知りたいと思うはずです。

その計算にはとても長い時間がかかりそう――20人の確率、21人の確率、22人の確率……と無限大まで数えて足し合わさなければならないと考えるかもしれません。しかし、幸運にも近道があります。

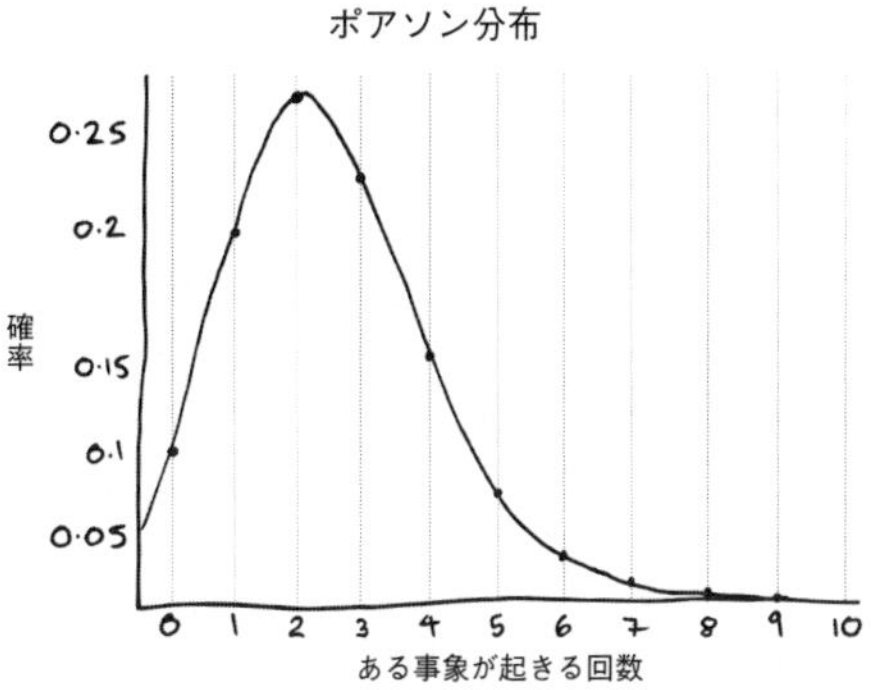

〝相互排他性〟と呼ばれる概念を利用すればよいのです。

相互排他性とは、ある事象は同時に起こることは不可能である。つまりどちらか一方しか起こらないという意味です。たとえば、もしサイコロで6が出たら、同時に5や3を出すことはできません。複数ある結果のうちどれか1つが起こると分かっている場合、相互排他的な事象が起こる確率をすべて足し合わせると1になります。もしサイコロで6が出る確率が6回中1回（0・167）だとしたら、6が出ない確率は6回中5回（0・833）で、6が出る、もしくは6以外が出る確率は6回中6回、つまり1です。

ということは、20人以上ががんになる確率を計算する代わりに、そうならない確率、つまり0人から19人ががんになる確率を計算して、それを1から引けばよいのです。今回の例では、19人以下（19人、18人、17人……）の確率になります。これを、Pr(X＜19)＝0.875と書きましょう。そうすると、1－Pr(X＜19)＝P(X≧20)＝0.125、つまり12・5パーセントです。

〝テキサスの狙撃兵の誤謬〟と呼ばれる統計の誤りがあります。もし納屋のドアに向けてマシンガンをランダムに撃ち、その後に弾痕が集中したところに的を描いたら、自分が射撃の名手であるかのように見せかけることができます。同様に、国中に（あるいは、話がグローバルになってきているので世界中に）散らばっているがん症例から、何か1つランダムなパターンを選んで、そのクラスターの周囲に円を描けば、何かが起こっているかのように見せかけることができます。実際には何も起こっていなくても。

これはがんのクラスターに限りません。未来についての人々の予想にも当てはまります。地球規模で経済危機に陥った2008年、女王陛下は私たちと同じように「なぜそれが来るのが分からなかったのでしょうか？」と疑問を述べられました（LSEのエコノミストが記録した実際の引用によると「もしこれらがそんなに大きなものなら、なぜ私たち全員がそれを見落としてしまったのでしょうか？」）[9]。これはもっともな疑問であり、経済学者や歴史家は、それ以来10年以上も議論を続けています。

しかし、予想していたかのように見えた人もいました。ビンス・ケーブルはその1人で、2008年当時は自由民主党のスポークスマンをしていました。彼は2003年に議会で「イギリスが経済成長を維持できているのは、個人負債が記録的レベルであるにもかかわらず消費支出が高止まりしているためである」[10]とし、「この状況で、製造、輸出、投資がすべて行き詰まると、大惨事を招くだろう」と述べました。某新聞は彼を〝信用危機の賢人〟と呼び、「もしケーブル氏が金融界に立ち込める霧を見通すことができなければ、誰にもできないということだ」と書きました。[11]本書は数字に関する本なので、これが基本的に数字の予想であることを指摘しておくべきでしょう。ケーブルは、いくつかの数字（特に、多くの大銀行の〝信用〟欄の数字）が急激に下降しそうだということを予想したのです。

彼は本当に賢人だったのでしょうか？　経済学者のポール・サミュエルソンが言った古いジョークがあります。株式市場は「過去5回の不景気を9回も予測した」[12]と。ケーブルはこれと同じことをしたという批評家もいます。[13]彼は2003年にこの予想をしましたが（2006年にも再度予想したようです）、2008年までは経済崩壊は起きませんでした。彼は2017年に別の経済崩壊を予想しましたが、特筆すべきことは起こりませんでした。[14]

より重要なのは、何千もの議員、ジャーナリスト、学者、その他の人たちが、ここ数年間で経済に何が起きて何が起きないかについて数えきれないほどの表明をし、常に何人かは正しいことを言っていたという点です。あなたが宝くじに当たる可能性は非常に稀ですが、おそらく誰かは当たります。そして、そうなることに特別な予知能力はいりません。

第17章で見てきたように、未来を予想するのは難しいのです。経済を予想するのはなおさらです。効果的に予想できれば、かなりの確率で億万長者になれるでしょう。5回の不景気を9回で予想できる、つまり、4回しか間違わなかったのは、実際のところ驚くほど効率が良いと言えます。

しかし、過去を振り返って実際に予想をした人を思い出してみるだけで、テキサスの狙撃兵の誤謬に陥る可能性がかなりあることに気づきます。ランダムに散らばっているデータを取ってきて、見たい結果とたまたま合っている場所を丸で囲えばよいのです。

こんなことをするのはジャーナリストだけではありません。1993年のある研究[15]は、スウェーデンにおける電線と子どものがんの関連を発見したかのように見えたため大きな関心を呼び[16]、電線から出る電磁波が子どもの白血病の原因だ、とスウェーデン国立産業技術開発委員会を説得しそうになりました。しかし、統計家が、その研究は800ものさまざまな健康上のアウトカムを調べており、そのうちの1つでたまたまクラスターが生じた可能性が非常に高いと指摘しました[17]（携帯電話と同様、現在、電線ががんの原因になると考えるに足る理由はありません）。

テキサスの狙撃兵の誤謬によって投獄されることすらあります。オランダ人看護師のルシア・デ・バークは、彼女の勤務シフト中に3年間で7人が死亡したことから、殺人の罪で6年間刑務所に入れられました。7人のうち1人として殺人だったという法医学的な証拠はありませんでしたが、彼女が殺したに違いないとされたのです。そのクラスターは、彼女の有罪を疑うのに十分でした。統計家のリチャード・ギルが指摘する通り、これはテキサスの狙撃兵の誤謬の古典的な例でした。人は時として入院中に亡くなり、その場に同じ看護師が居合わせることはあります[18]。ベン・ゴールドエイカー［イギリスの医師でジャーナリスト］は「ガーディアン」のコラムで、ルシア・デ・バークが勤務していた病棟では、彼女が殺人を犯したとされる3年間で6人が亡くなったが、その前の3年間には7人が亡くなっていたと指摘しました[19]。彼女の殺人は、自然の死亡率の突然の落ち込みと同時に起こっていたようなのです。偶然でクラスターができることはあり、もしその周囲を円で囲えば、弾痕の周囲を囲うのと同様、自分は名手だと確信することができます。

ユーガブのMRP世論調査を覚えていますか？　2017年の調査は完璧でした。そして、2019年の保守党のきわどい勝利という予想に皆が注目しました。

しかし結局、結果は途方もない地すべり的大勝利でした。労働党が北部の中心部で崩れてしまったために保守党は過半数を80議席も上回ることができたのでした。ユーガブの予想が特に悪かったわけではありませんが、他の調査会社より特に良かったわけでもありませんでした。他社の多くは、MRPモデルの予想より、やや大規模な保守党勝利を予想していました。2017年は、MRPに何か秘伝のワザでもあったのか、他社より実際によい予想ができました。でももしかしたら、どの予想も平均値の周辺にランダムにばらついており、たまたまMRPの予想がいちばん近かった、ということかもしれません。たった1回の結果では分かりません。

もしMRPモデルが、次回以降の何度かの選挙で一貫してライバルを上回る結果を挙げれば、このモデルはうまく機能していると、より確信が持てるようになるでしょう。そうでなければ、第5章で議論した統計学的有意の問題と同じように、帰無仮説を否定できません。すなわち、説明できるようなことは何もないかもしれないのです。

第20章　生存者バイアス

ベストセラー本はどうすれば書けるのでしょうか？　どうやら公式[1]があるようですし、おそらくはアルゴリズム[2]もあるでしょう。あるいは秘密のコード[3]があるのかもしれません。ある記事（公式について）では、J・K・ローリング［イギリスの女性作家、『ハリー・ポッター』シリーズの著者］、E・L・ジェイムズ［イギリスの女性作家、『フィフティ・シェイズ・オブ・グレイ』をはじめとする三部作の著者］、アレックス・マーウッド［イギリスの女性作家、『邪悪な少女たち』の著者］の成功を挙げ、中性的なペンネームが女性の成功への道だと示唆していました。別の記事（アルゴリズムについて）は、テキストマイニングのソフトウエアを使って、ベストセラーに共通する「短めの文章、話し言葉での語り、衒学的な言い回しが少ないこと」などの、2800の特徴を発見しました。たとえばこんな感じです。「ドキドキする感情……感情が高まったと思ったら低く、そしてまた高く、また次に低く……」。著者がジャーナリズムで働いた経験があることもいいらしいです。私たちには良いニュースですね。

もしあなたのアルゴリズムが、ある本がベストセラーになるかどうかを本文だけで97パーセント正確に予想できるとすれば、どうやって予想したかを他のみんなに教える前に、自分でそのアルゴリズムを使ってベストセラーを2、3冊執筆して大金を稼ごうとするでしょう。しかしそれは脇道の話です。私たちが問いたいのは、ベストセラーの書き方に関するこの手の確実と称する方法は、何らかの事実に基づいているのか、という点です。それとも、また別の統計の誤りにぶち当たってしまったのでしょうか?

答えは（ネタバレ注意）「誤り」です。前の章で述べた「テキサスの狙撃兵の誤謬」とよく似た誤りですが、微妙かつ重要な違いがあります。それを理解するために、第二次世界大戦の爆撃機についてお話ししましょう。そのほうが面白いので。

アメリカ海軍は1944年、日本軍の滑走路を爆撃するために、金、労力、そして命を大量に費やしていました。アメリカの爆撃機は敵兵と対空砲火によって定期的に爆撃され、その多くが破壊されました。なのでアメリカは自軍の飛行機を装甲で強化したいと考えました。しかし装甲は重いので、必要がなければ飛行機全体には付けたくありません。なぜならスピードが遅くなり、操作もしにくくなり、しかも飛行距離や積載量が落ちるからです。

そこで当然ながら彼らは、帰還した飛行機のどこが損傷を受けたかを調べました。弾丸や対空砲の榴散弾の跡は主として翼と胴体に見られ、エンジンには見られませんでした。そこで彼らは、翼と胴体に装甲を追加して強化すべきと判断しました。

統計家のエイブラハム・ウォールドは、この判断には問題があると指摘しました。[4] 海軍は、飛行機全体のうちのある特別な部分集合、すなわち航空母艦に戻ってきた飛行機だけを見ていたのです。胴体や翼に多くの爆撃を受けた飛行機は、無事に基地に戻ってくることができました。一方、エンジンに爆撃を受けた飛行機は、大部分が海に墜落し、この統計に含まれていませんでした。

生存者バイアス

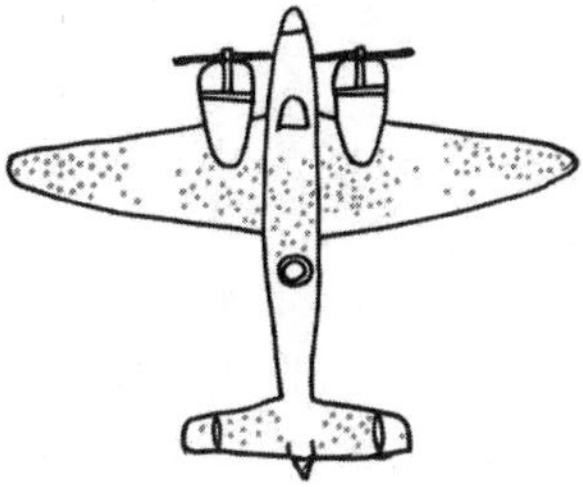

アメリカ海軍はそれに気づかず、第4章で述べたような偏ったサンプルを基に決断を下してしまったのです。このような特殊な種類のサンプルの偏りは、生存者バイアスとして知られています。情報が得られる一部の階層だけを見るのも生存者バイアスです。

このようにして、ダグラス社製SBDドーントレス急降下爆撃機［第二次世界大戦期にアメリカ海軍で使用された爆撃機］が太平洋に撃沈させられたのは特に劇的な例ですが、生存者バイアスにはもっとありふれた例がいくつもあります。いちばん分かりやすいのはたぶん、ビジネス界のリーダーが書く〝私の成功の秘訣〟タイプの本です。この類の本はあなたもご存知でしょう──タデウス・T・リッチマン著『とてつもなくリッチな人の12の習慣：早起きをし、飲み物はアボカドのスムージーのみ、そして2週間ごとに従業員の10パーセントをランダムに解雇したことにより私が大金を手にした方法』……。

私たちは皆、どうすれば大金を稼げるかを知りたいと思っているので、この種の本はたいていよく売れます。しかしそれらは通常、単に生存者バイアスの例を並べているだけです。

経済学者のゲアリー・スミスは自著『標準偏差』で、業績のよい54の会社を比較検討し、これらの会社に共通する特徴（企業文化、ドレスコード、その他何でも）を抽出した2冊の本を考察しました。(5) スミスは、これらの企業は、本が執筆されるまでは確かに市場ですばらしい業績を上げていたが、出版されてから何年か経つと、ほぼきっかり半数が株式市場の評価を下げ始めた、つまり平均的な企業より業績が悪化していたと指摘しました。優れた企業文化をほめちぎったこの2冊は、着陸した飛行機を見て、対空砲火による損傷がどこにあるかを見ていただけで、決して帰還することのなかったすべての飛行機で何が起きていたかは考えもしなかったのです。

他にももっとよくある例があります。アメリカの数学者ジョーダン・エレンバーグが〝ボルチモアの株式仲買人のたとえ話〟として述べているものです[6]。ある朝、あなたは投資ファンドからの手紙を受け取ります。その手紙には「あなたは我々に投資すべきです。なぜなら我々は常に良い株を選んでいるからです。とはいえあなたは我々を信じないでしょうから、無料の投資情報をどうぞ——〝誰でも社〟は「買い」」。その翌日、〝誰でも社〟の株価は値上がりします。

翌日、彼らはあなたに別の手紙を送ります。「本日は、〝何とかホールディングス〟は「売り」」。その翌日、〝何とかホールディングス〟の株価は値下がりします。

彼らはこれを10日間、毎日行い、そのたびに正しくやってのけます。11日目の手紙は「さて、我々を信じてくれますか？　我々に投資したいですか？」です。何しろ10日続けて投資判断が正しかったのですから、あなたは「はい！　損するわけにはいかないぞ！」と考え、そして子どもの大学用の資金を投資します。

しかし、彼らがやったのは、1万通の手紙を送ることです（うち5000通は「〝誰でも社〟は「買い」」、残りの5000通は「〝誰でも社〟は「売り」」）。もし〝誰でも社〟の株が上がったら、次の日は「買い」の手紙を送った5000人に手紙を送ります（うち2500通は「〝何とかホールディングス〟は「買い」」、残りの2500通は「〝何とかホールディングス〟は「売り」」)。

そして、〝何とかホールディングス〟の株が下がったら、「売り」の手紙を送った2500人に次の手紙を送り……を続けます。これを10回続けたら、10回続けて情報が正しかった人が10人くらいいるでしょう。その10人は全財産をこの奇跡の株式ファンドに投資しますが、もちろんファンドはお金を持ち逃げしてしまいます。TVイリュージョニストのダレン・ブラウン〔イギリスのメンタリストで、民放テレビで「マインド・コントロール」や「トリック・オブ・ザ・マインド」といったシリーズが放送された〕は、これとまったく同じ方法を使って5頭の勝ち馬を当て、ある若い母親に、貯めてきたお金を6頭目に投資するよう説得してみせました。(7)

このような詐欺行為は、ふつうは起こりません(ジョーダン・エレンバーグはツイッターで、「ボルチモアの株式仲買人のたとえ話が実際に起こった例は知らない」と私たちに話してくれました)が、たまに起こってしまうことはあります。投資ファンドは何千もあります。そのうちいくつかがしばらくの間、信じられないほどの収益率を上げると、注目されて多額の投資が集まります。しかしそれは、彼らの運用が本当に市場を上回っているためなのか、それとも、運が良かったためでしょうか？　しかもあなたは、ひっそりと倒産していった他の投資ファンドのことは何も知らないのです。

こんな絵を描いてみてください。全員が違う色の帽子をかぶった1296人がサイコロを振ったら、約216人に6が出ます。この216人がもう1回サイコロを振ったら、約36人に6が出ます。この36人にもう1回サイコロを振るよう頼んだら、約6人で6が出ます。もう1回やったらたぶん1人になります。そうやってから、4回連続で6を出した人の帽子の色を見て、「4回連続で6を出す秘訣は、オレンジと黒のストライプの帽子をかぶることよ」と言うのです。しかし、昔を振り返って、過去の成功に何がたまたま関係していたかを見つけるのは簡単です。必要なのはそうではなく、将来の成功を予想してくれるのは何かを見つけることです。オレンジと黒のストライプの帽子をかぶった人が次に6を出すと考える理由はありません。

生存者バイアスは、〝従属変数の選択〟と呼ばれる、より広い問題の1つの例と言えます。複雑そうに聞こえますが単純な考え方で、「もしあなたが、Xが起こった例［結果］しか見ていなければ、なぜXが起きるか［原因］を知ることはできない」という意味です。科学実験において〝独立変数〟とは自分が変化させているもの（たとえば、薬の用量）、〝従属変数〟とは独立変数が変化すればどうなるかを見るために自分が測定しているもの（たぶん、患者の生存率）のことです。

さて、水を飲むことが関節炎の原因かどうかを知りたいとしましょう（〝関節炎になる〟

が従属変数です)。関節炎を発症した人全員を調べれば、全員が水を飲んでいたことはすぐに分かります。しかし、関節炎を発症しなかった人全員は調べていないので、関節炎の患者がその他の人より水を多く飲むかどうかについてはまるで分かりません。

あえて言う必要もないかもしれませんが、こうしたことはしょっちゅう起こっています。銃の乱射事件が起きるたびに、メディアは乱射した人物を調べて、[8] 暴力的なビデオゲームをプレイしていたことを突き止めます。[9] テキサス州エルパソやオハイオ州デイトンで2019年に起きた乱射事件の後、ドナルド・トランプも同じことをしました。[10]

しかしこれは、水と関節炎の件と同じくらい明白な、従属変数の選択の問題の一例です。ここで問うべきなのは「銃乱射事件の犯人は暴力的なビデオゲームをプレイするのか?」ではなく、「銃乱射事件の犯人は他の誰よりも多く暴力的なビデオゲームをプレイするのか?」なのです。(さらに、ビデオゲームをプレイするから暴力的になるのか、それとも暴力が好きだからビデオゲームをプレイするのか、という因果関係の向きについて質さなければなりません。因果関係については第8章を参照してください)。

若い男性の大多数が暴力的なビデオゲームをプレイしており、銃乱射事件の犯人はほぼ全員が若い男性のため、銃乱射犯は誰でも「コール オブ デューティ」などのファーストパーソン・シューティングゲーム(FPS)[キャラクターの本人目線で空間を移動して戦うシューティングゲームの一種。「コール オブ デューティ」は戦争を題材にしたFPS」を過去にプレイしたことがあるのはほぼ確実です。銃乱射犯が暴力的なビデオゲームをプレイしていたというのは、彼らがパスタを食べたとかTシャツを着ていたというよりはほんのちょっと驚くという程度のことでしかありません。これに関する説明として、少なくともある1つの研究によれば、暴力的なビデオゲームをプレイすることは殺人事件の発生率の低下と関連することが分かっています。これはおそらく単に、本来は外に出て暴力をふるうだろう若者が、家で「グランド・セフト・オートV」［強盗などの犯罪を題材にしたFPS」をプレイしているからでしょう(11)。

私たちはメディアについて話してきましたが、生存者バイアスと従属変数の選択の問題は、おそらくニュースの上流部分にもっとも深刻な影響を与えます。メディアは科学研究についてしばしば報道しますが、報道されるのは明らかに、発表された研究だけです。悩ましいのは、発表される科学研究、そしてニュースになる科学研究は、単に航空母艦から飛び立った飛行機というわけではないという点です。それらはまさに、基地に戻ってきた飛行機なのです。

第15章で述べた、目新しさを求める傾向のため、発表される科学研究は通常、面白い結果が得られたものなのです。

さて、あなたが試験をしている抗うつ薬があるとしましょう。その薬には実際には何の作用もありませんが、あなたはまだそのことを知りません。10回研究を行い、もしそれが非常に小規模なものであれば特に、5回は効果なし、3回は実際に悪化、2回はわずかに改善といった、わずかに違った結果が出るでしょう。実際には作用はありません。しかし単に偶然で、違う研究をすれば違う結果が返ってきます。

しかし、目新しくて面白い(そして、もしあなたが製薬会社であれば利益の出そうな)結果は「この薬は効く」であり、第15章を思い出してもらえれば分かるように、そんな結果の出た研究のほうが学術誌に発表されやすいのです。つまり、効果なし、または悪化した8回の研究は、科学者の机の引き出しのどこかにしまわれてしまいます。誰か別の人が文献レビューをすると、見つかるのはこの抗うつ薬に効果ありと言っている発表済みの2報だけかもしれません。そして医師たちは、科学的エビデンスがあるように見えるという理由で、このまったく無効な抗うつ薬を処方するかもしれません。

こうしたことは実際に起こっており、現実の人間を殺しかねない現実の問題につながっています。ある研究によれば、抗うつ薬に関する発表済みの試験の94パーセントはポジティブな結果でしたが、未発表の研究を探して計算に入れると、その数値は51パーセントに

下がりました。(12)

このバイアスには別の側面もあります。それは、あなたが主要メディアで科学研究に関する記事を読んでいるとしたら、その研究は新聞に載せてもよいくらい面白いと見なされたに違いないという点です。「新しい研究によると、焦げたトーストは実際にはがんを引き起こさない」とか「フェイスブックはじつは子どもの脳を劣化させてはいない、と研究は言う」というのでは、おそらく記事の見出しになりません。新聞で科学記事を見かけたら、それは2回の戦闘任務を終えて基地に戻ってきた飛行機だということを思い出してください。それが真実でないということではありませんが、慎重になる理由はあります。同じことを扱った他の研究がいくつ撃ち落とされたかを、あなたは知らないのですから。

さぁて、あなたはアルゴリズムを使ってベストセラーを予想できますか？　女性が中性的なペンネームを付けると著書を出版しやすくなるでしょうか？　さあ、それは分かりません、なぜなら、中性的なペンネームを持つ女性作家のうち何人が著作を出版できなかったかが分かりませんから。また、アルゴリズムは草稿がベストセラーになるかどうかを97パーセントの正確さで予想できるでしょうか？　ベストセラーリストに入らなかった、あるいは出版すらされなかったすべての本を調べない限り、おそらく絶対に予想はできません。銃乱射犯全員が暴力的なビデオゲームをプレイしていたことは分かっても、暴力的なビデオゲームが銃の乱射の原因かどうかについては何も分かりません。それと同様に、ベストセラーにはボキャブラリーやプロットに何らかの共通する特徴があることは分かっても、そうした特徴があれば本が売れるかどうかについては何も分かりません。あなたは基地に戻ってきた飛行機を眺めて、翼に残った全弾痕に目を向けているだけなのです。

第21章 合流点バイアス

COVID－19パンデミックの初期に奇妙な現象がありました。COVID－19で入院した人はそれ以外の人に比べて喫煙者が少ないらしいということが分かったのです。[1]「デイリー・メール」はこの件を取り上げたメディアの1つで、フランスの病院ではCOVID－19患者にニコチンパッチを与えようとすらしていると報道しました。[2]

これは本当におかしな話です。喫煙はびっくりするほど体に悪いのです。大部分の人々にとって、喫煙はおそらくもっとも直接的な危険であると言えます。そして、喫煙は呼吸器系を破壊するからこそ危険なのです。喫煙は肺がん、慢性閉塞性肺疾患（COPD）、肺気腫などの原因であり、こうした病気になると、呼吸をして体のすみずみにまで酸素を届ける能力が損なわれます。COVID－19は呼吸器疾患なので、喫煙は生きるチャンスを減らすことはあっても、増やすことはないはずです。

しかし、それがどんなに変で直観に反していたとしても、その現象は起き続けていました。何が起こっていたのでしょうか？

　合流点バイアスという、時おり不意に生じる統計の異常があります。合流点バイアスは、実際には関連があるのになくなって見えたり、何もないところに仮想の関連を作ったりという奇妙な結果をもたらします。現実とは逆のように見えることすらあります。

　第7章で交絡因子の調整についてお話ししました。あなたは今、人間がどのくらい速く走れるかについて研究を行っているとしましょう。そして、あることに気が付きます。平均すると、髪がグレーであればあるほど1マイル走のタイムが遅くなるということに。

　グレーの髪はあなたの足を遅くするのかもしれません。あるいは、こちらのほうがありそうですが、両方ともが第三の因子（年齢かも）と関連があるのかもしれません。たぶん、年を取ると髪がグレーになり、同時に、走るのが遅くなるのでしょう。

　この場合、もし年齢で〝調整〟すれば、この2つの間の関係は消えることを発見するかもしれません。このような交絡因子があると結果にバイアスがかかります。交絡因子を調整しなければ、結果が過剰（または過少）に見えてしまいます。それによって、グレーの髪は足を遅くするといった、おかしな関連を作ることになります。

　このような状況は、因果関係の向きを矢印で示す〝有向非巡回グラフ（directed acyclic graph 略してDAG）〟と呼ばれる図にすることができます。〝交絡因子〟とは、あなたが選んだ〝独立変数〟（髪がグレーであること）と、独立変数が影響すると考えられる〝従属変数〟（走る速度）の両方の原因となる何かのことです。私たちは、髪がグレーであることが走る速度に影響するのか（図の黒の矢印）に関心があります。しかし、もしこの2つに関連があったとしても、実際はその両方が年齢という第三の因子（白の矢印）の影響を受けているのです。

交絡因子

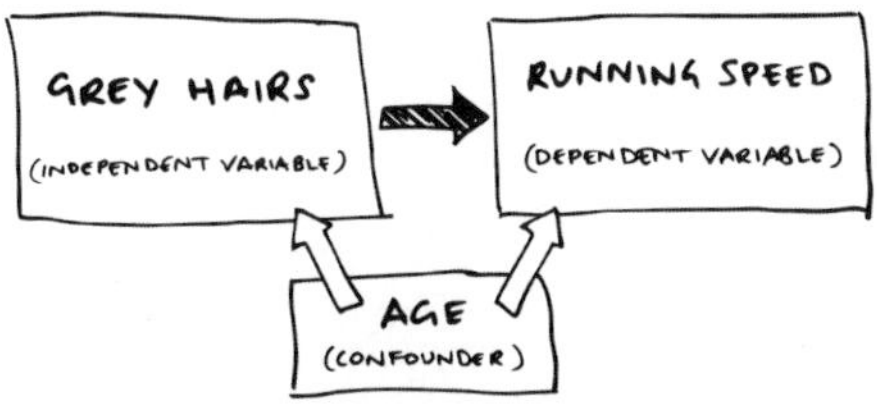

＊グレーの髪（左上）が独立変数、走る速度（右上）が従属変数、年齢（中央下）が交絡因子。

交絡因子の調整は必要であり、正しい統計の作法です。しかし、できるだけ多くの変数をすべて交絡因子と考えて調整すればよいというわけではありません。そのために間違えて調整してしまうことがあります。もう1つ別の変数を分析に加えることにより、その2つが実際には関連がないのにあたかも関連しているかのように見えることもあります。

例を挙げましょう。演技の才能と身体的な魅力（美貌）は関連がないと考えてください。もしあなたが演技上手だとしても、他の誰よりも美貌が勝る（または劣る）とは言えません。片方が分かっても他方については何も分かりません。

しかし今度は、演技上手、かつ／または美貌の持ち主には、有名なハリウッド俳優になるというキャリアパスがあるとしましょう。もしあなたが醜く、かつ演技の才能もなければ、有名な俳優になることはおそらくありません。つまり、有名な俳優の大半は、演技力か美貌かのどちらか1つ、あるいは両方の持ち主です。

　さて、とは言うものの、もしあなたがハリウッド俳優だけを見れば、あることに気づくはずです。たとえ集団全体ではこれら2つの特徴に関連がないとしても、すごい美貌の人は、イマイチの人に比べれば演技が下手な傾向にある、と。

演技力 vs 美貌

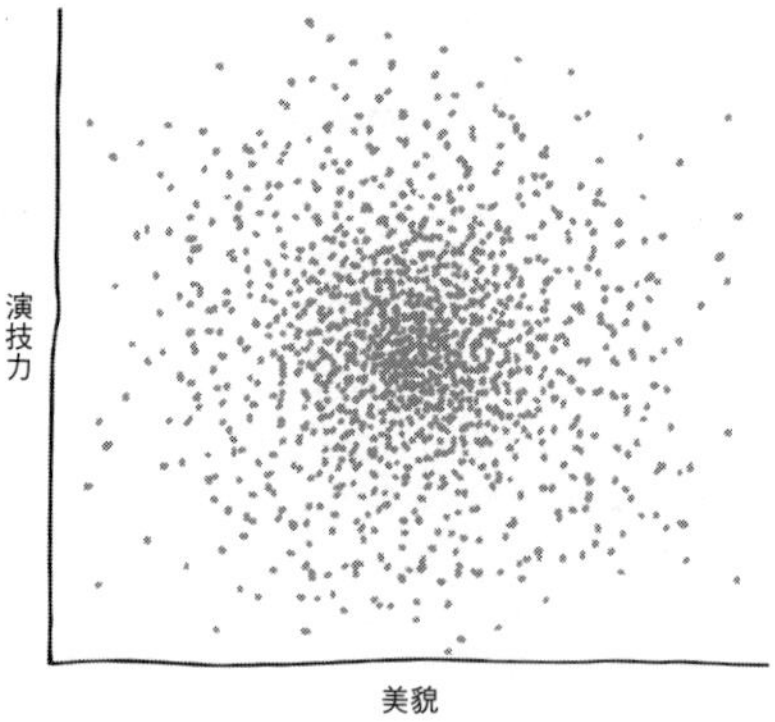

　その理由は、有名俳優はこれら2つの特徴で選別されているからです。見事なほどの美貌の持ち主なら、演技がそれほど上手である必要はないし、その逆もまた然りです。美貌に乏しく演技も下手な俳優は、全員が即座にはじかれます。その結果、グラフは左のようになります。

　同じことがアメリカの大学（カレッジ）の入試でも起きています。勉強またはスポーツが得意な人は、大学に入れます。集団全体で見れば、これら2つの特徴は無関係か、あったとしても弱い関係しかありません。しかし入学するにはどちらか片方が良ければよいので、アメリカの大学生だけを見ると、スポーツの能力は勉強の能力と負の相関があります（いわゆる〝ダムジョック〟［勉強はできないがスポーツだけは得意な人のこと］ステレオタイプ）。

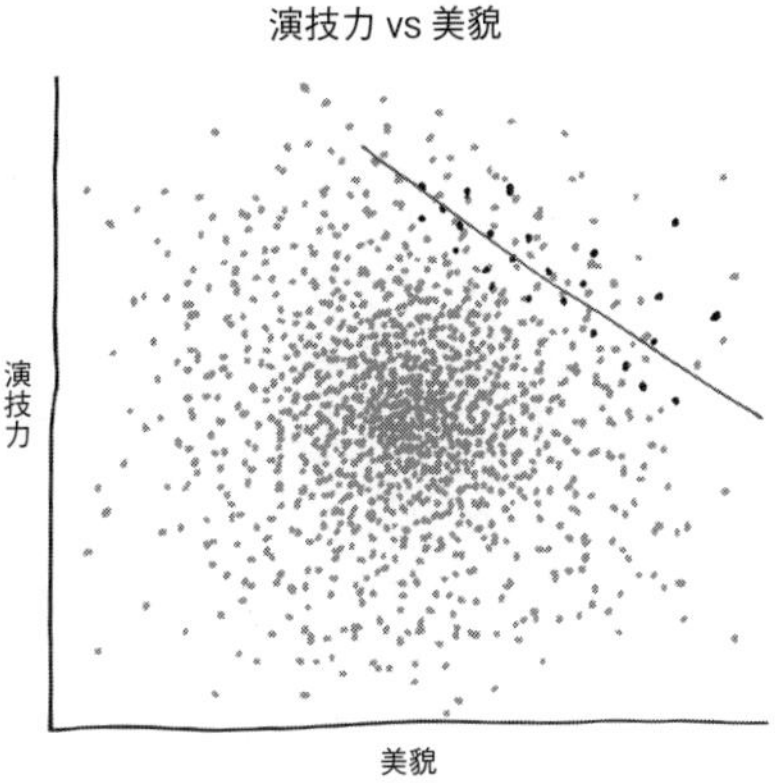

ここで紹介した例は、データを選択した（ハリウッド俳優だけ、あるいはアメリカの大学生だけ）ことによるものでした。しかし、すべてのデータを対象としても、こうした変数で〝調整〟した場合、まったく同じことが起こります。たとえば子どもが熱を出したら、食中毒かもしれないし、インフルエンザかもしれません（別の何かかもしれませんが、この2つに限定しましょう）。この2つの病気はまったく無関係です。つまり、片方にかかったら他方にもかかりやすくなるということはありません。

しかし、もしあなたが食中毒とインフルエンザとの関連を調べる研究を行おうとして、熱があるかどうかで調整したとすればどうでしょう。食中毒の子どもはインフルエンザの可能性が低い、つまり、食中毒がどういうわけかインフルエンザを予防するかのように見えるかもしれません。

これは、俳優は美貌の持ち主または演技上手ではあるが、その両方であることはまれだという例と同じです。もし熱があれば、おそらく食中毒かインフルエンザのどちらかでしょうが、おそらく両方ではないでしょう。この場合は、特定のグループ（たとえばハリウッド俳優）しか見ていないせいでバイアスが生じたのではありません。そうではなく、研究者がバイアスを減らそうとして交絡因子で調整したはずが、実際には合流点変数を加え、うっかりバイアスを作り出してしまったせいで生じたのです。

こうした合流点は、いわば交絡因子と裏表の関係になっています。交絡因子が2つの変数の原因になっている場合は、その2つの変数は両方とも合流点の原因になります。つまり、交絡因子で調整するとバイアスを減らしますが、合流点で調整（または選択）するとバイアスを作り出してしまうのです（矢印が合流することから合流点と呼ばれます）。もう一度DAGを示しましょう。思い出してください。黒の矢印は自分たちが調べたい因果関係、白の矢印は何かが何かに影響を与える実際の関係を示します。

医療における合流点バイアスの実際の例は、1978年に初めて確認され、その後も何

度か起こっています。(3)

COVID-19と喫煙の関係にもこのようなことが起きているのでしょうか？　おそらくそうです。2020年5月に発表されたある査読前論文（プレプリント）では、合流点バイアスがCOVID-19のアウトブレイクに関する理解をゆがめている可能性のあるさまざまな事例を検討しました。(4) この論文は、多くの観察データが提供されている一方で、観察対象となっている患者は必ずしも幅広い集団を代表しているとは限らない、言い換えれば、患者はかなり特殊な事情で選別されていると指摘しました。

合流点

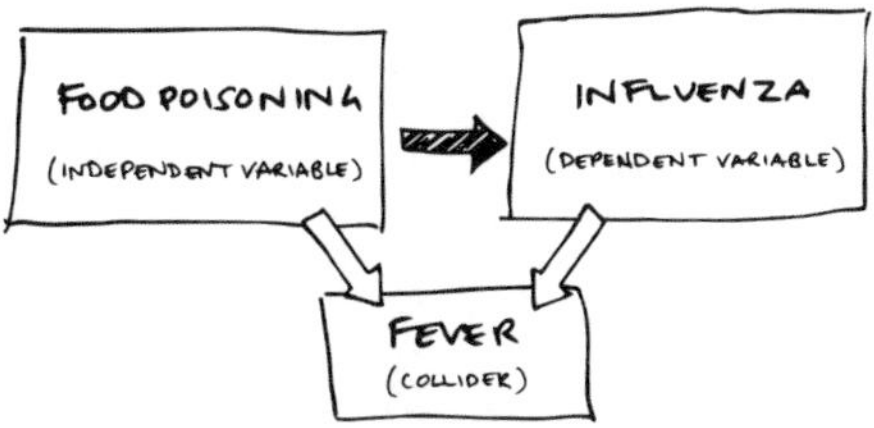

＊食中毒（左上）が独立変数、インフルエンザ（右上）が従属変数、熱（中央下）が合流点。

喫煙に関しては、アウトブレイク初期に検査を受けた人はランダムに選ばれてはおらず、多くは医療従事者であることに注目しました。医療従事者は、集団全体に比べて喫煙者が少ない傾向にあります。

一方で、重症者という別の集団も検査を多く受けていました。つまり「医療従事者である」ことと「COVID-19重症者である」ことが検査を受ける原因になっており、そのどちらも検査を受けて陽性であれば入院します。しかし「医療従事者である」ほうは非喫煙と関連があるので、検査陽性者には非喫煙の医療従事者が多かったということになります。

〝美貌の持ち主または演技上手な俳優〟の例を覚えていますか？　これとほとんど同じです。ただし、選択しているのは「有名な俳優」ではなく、「COVID検査陽性の人」です。COVID検査陽性であったということは、①COVIDの明らかな症状がある、または②医療従事者である（そのためおそらく非喫煙者である）のどちらかだったということです。そのどちらでもない人は検査を受けないでしょうから、「検査を受けた」ということで選択することにより、この2つが実際には無関係でもあたかも関連があるかのように見えてしまったのです。

その査読前論文は、喫煙とCOVID－19の重症度にまったく何の関係がなくても、集団全体の喫煙率と、検査を受けたグループの喫煙率の比較から現実的な仮説を立てると、この2つの間に見かけ上強い関連が生じることを示しました。現時点では、喫煙がCOVID－19の予防にならないと確実には言えませんが、直観には反しているので、大いに疑ってかかる必要があるでしょう。

合流点バイアスを見分けるのは困難です。科学者の中には、合流点バイアスが〝肥満パラドックス〟（肥満の人は正常体重の人に比べて糖尿病で死ぬことが少ないように見えるという現象が観察されていること）の影に隠れていると言う人もいますが、そうではないと言う人もいます。[5] これは現在進行形の大きな論争です。何が合流点バイアスで何がそうでないかをはっきりさせるために科学者でも苦労しているのなら、ジャーナリストや読者に同じことをしろというのはおそらくアンフェアでしょう。しかし、他の因子の調整に最善を尽くした研究であっても、見いだされた関連性が間違っていることもあるということは、意識しておくべきでしょう。調整がかえって問題を悪化させることすらあるのですから。

第22章　グッドハートの法則

２０２０年4月、当時ＣＯＶＩＤ‐19対応に著しく出遅れていたイギリスは、検査体制の立ち上げと運用に躍起になっていました。

なぜＣＯＶＩＤ‐19にうまく対応した国とそうでなかった国があるのか、はっきりとは分かりません。おそらくいつかは分かるでしょう。しかしひとつ注目すべきは、早期にＣＯＶＩＤ‐19の拡大を何とか抑えられた多くの国では、効果的な検査体制が取られているように見えたことです。イギリスは長い間立ち遅れていました。

そこで２０２０年4月初め、保健相のマット・ハンコックは、イギリスは4月の最終日までに検査を毎日10万回行うようにすると約束しました(1)。何とか１万回くらい行っていた頃です(2)。

その後、ちょっとおかしなことになりました。議会の投票や選挙の結果（そこでは〝不十分〟と〝十分〟の間の何だかよく分からない境界を超えるかどうかがじつに重要）に慣れ親しんでいる政治ジャーナリストたちが、〝数字を注意深く監視〟し始めたのです。(3) 4月20日ごろまでは、検査件数はまったく足りていませんでした。しかしその後――妙にファクターXっぽい瞬間ですが――ハンコックは5月1日にテレビ中継で「4月の最終日である昨日の検査件数は……（ドラムロール、プリーズ！）12万2347回だったことをお知らせします」(4)と断言しました。加えて「大胆な目標であることは分かっていましたが、大胆な目標が必要でした。なぜなら検査はイギリスが立ち直るのに非常に重要だからです」と言ったのです。

終わり良ければすべて良し、でしょうか？　うーん、そうでもありません。12万2347回という大胆な数字には、数多の問題が隠されていたのです。

1つは、もともとの目標は1日に10万回の検査を〝実施〟するというものでした。ところが4月末までに大臣たちは、検査を実施する〝能力〟の話をするようになっていました。さらにハンコックは保守党支持者に対して、検査申込書にサインするよう嘆願する電子メールを送っていました。(5)

それだけでも十分まずいです。しかしさらに困ったことに、12万2347回という数値には、ポストに投函されただけで実際には使われなかったかもしれない検査が約4万回分含まれていました。(6) その月のうちに、BBCラジオ4の「多いか少ないか（More or

Less）」［公開されている数字や統計に関する調査報道番組］が情け容赦なく立証した通り、政府の検査の数値には抗体検査が含まれていたことも判明しました。[7] 抗体検査は、過去に感染したことがあるかどうかを調べる検査であり、重要ではあるものの、今感染していて隔離が必要かどうかを調べるPCR検査とはまったく異なります。その数値にはさらに、1回目の検査が失敗したため同じ日に複数回の検査を受けた人の分も含まれていました。実際に各人に対して行われた診断検査の真の回数は、はるかに少なかったのです。確定はできませんが、10万回よりずっと少なく、その数は5月になっても変わりませんでした。イギリス政府は結局、自身の統計監視機関から、実施された検査の回数の統計が拙速でいい加減であったことを二度も叱責されてしまいました。[8]

では、いったい何が悪かったのでしょうか？　こんなに単純な数字（実施された検査の数）が、どうしてここまで混乱し、間違ってしまったのでしょうか？

経済学の古いことわざに、グッドハートの法則というものがあります。イングランド銀行の前の経済アドバイザーであるチャールズ・グッドハートにちなんで名づけられました。「ある測定値が目標になってしまうと、それはもうよい測定値ではなくなる」という意味です。ドライに聞こえるかもしれませんが深い含意があります。そして、一度気が付くと、それが至るところで起きていることに気づきます。意味するところは、何かをどの程度うまくやれているかを評価するために使う基準は、それが何であれ、人が操作してしまうということです。

古典的な例は教育です。あなたは、ある学校の児童が他の学校の児童に比べて、人生をより上手に渡っていることに気づいたとしましょう。すなわち、より多くが大学に進学し、より多くがちゃんとした仕事に就き、おおむね豊かで、良識ある市民になっている、と。さらに詳しく調べると、うまくいっている学校の生徒はそれ以外に比べて、GCSE〔イギリスで義務教育修了時に行われる中等教育修了一般資格試験〕（何でもよいのですが）でA^+〜Cの割合が高いことに気づきます。

そこであなたは、よーし、これは学校のパフォーマンスを評価する基準に使えるぞと思い立ちます。あなたはさっそく、児童の何パーセントが（A^+〜Cという）高成績を取っているかで学校の格付けを始めます。パーセンテージが高かった学校には報酬を出し、低かった学校には特別な措置を取るとか、校長をクビにするとか、とにかく何かを行います。ほどなくあなたは、多くの学校でA^+〜Cの割合がずっと高くなり始めていることに気づきます。良くなったぞ！　しかし同時に、そうした学校を出た子どもが、輝かしい成績だったにもかかわらず、あなたが期待したような典型的な良識ある市民になっているように見えないことにも気づきます。

何が起こったのかは推測できますよね。教師は上司や教育委員会から、A+～Cの数を増やすようプレッシャーをかけられました。ほとんどの教師が果敢に最善を尽くしたであろうことは疑いの余地がありません。しかし彼らは、目標を達成しなければ昇進の機会が奪われるということも理解していました。

そこで教師の中には、目標を達成するのにもっとも早くもっとも簡単な方法を見つけようとする人が出てきました。そして、もっとも早くもっとも簡単な方法は、アリストテレス式のバランスの取れた教育（すなわち「健全な身体に宿る健全な精神」を確かなものにし、児童の好奇心を促し、個々の強みを引き出すような教育）ではありません。もっとも早くもっとも簡単な方法は、児童に過去問を山ほど与えて、試験に何が出そうかを教えることです。もっとも早くもっとも簡単な方法は、評価システムを操作することなのです。

これは架空の例ですが、こうしたことは実際に起こっています。教育学者のデイジー・クリストドゥールーが2003年に指摘したように、イギリスでA+～Cの数が目標とされたとき、教師はこの目標自体を操作し始めました。特に、DとCのボーダーラインにいる児童に過剰なほど注意を集中し、数字を上げようとしたのです(9)。

医療においても同じようなエビデンスがあります。アメリカのオレゴン州で、病院におけるケアの質の格付けは、いろいろある中で、院内死亡率、つまり入院患者の何パーセントが死亡するかに基づいています。2017年に医師たちは、入院中に死亡する可能性が高く、院内死亡率の数値が上がるだろうという理由で、病院管理者が特に症状の重い患者数人の入院を拒否している、と苦情を訴えました。[10] また、アメリカのメディケアプログラム〔高齢者や障害者向けの公的医療保険制度〕は2006年に〝再入院削減プログラム〟を開始しました。これは、何人の心不全患者が退院30日以内に再入院するかで測定するものです。2018年のある研究によると、このプログラムの実施によって実際には死亡率が上昇しました。どうやらその理由は、再入院する患者が統計に含まれるのを避けるため、病院が再入院を31日目に遅らせたことでした。[11]

もう1つの例は既に述べた、学者の世界における「出版か死か」の問題です。科学者の価値は発表した論文数で測られること、そして、それに関連しますが、論文は統計学的有意に達して（かつポジティブな結果を出して）いなければ発表の可能性がかなり減ってしまうという慣習です。そのため科学者は、たとえ価値のないジャンクなものであっても論文を発表しようと必死になり、$p<0.05$ になるよう統計をごまかしたり、結果が出なければ単にファイルにしまい込んだりするようになります。ある研究によれば、科学者は論文の評価基準（発表した論文の数や個々の論文の引用数など）を頻繁にいじくっていることが判明しましたが、このことは、こうした基準が研究の質の指標としてますます役に立た

なくなってきていることを意味します。[12]

ビジネスでも同じ問題があります。本書の著者のトムが特に注目しているのは、ページビューやユニークユーザーの数で読者のエンゲージメントを測定するメディア企業は、たとえコンテンツの質を犠牲にしてでも、そうした数が最大化するようなコンテンツを作成するようになることです。(忘れられないのは、ある編集者がかつて、クリックすると別のホームページに飛ぶようにリンクを張ることにこだわっていたことです。そうすれば、実際の記事にたどりつくのに読者は2回クリックしなければならず、結果的にページビューが二重にカウントされるからです。あなたがどんな種類の仕事をしていても、おそらく同じような例を思い浮かべることができるでしょう)。

問題は、こうした数字は、私たちが本当に大切にしていることではなく、その代理にすぎないことです。教育の例で言えば、大切なのは、学校が成人としてきちんとした生活を送ることのできる良識ある市民を輩出することであり、GCSEそれ自体がそれほど大切なわけではありません(GCSEの成績が後にどのような教育課程に進むかを左右するという事実があったとしても、その考えは変わりません。それは単にグッドハート効果をさらに強めるだけです)。30日以内に再入院する患者の人数は、その数が患者の受けるケアの質について語るのでない限り、大切ではありません。そして、科学者が論文を何報発表したかやどれだけ引用されたかは、その数が行われた科学の質について語るのでない限り、大切ではありません。

ものごとを測定することに反対しているわけではありません。ものごとがうまくいっているかどうかを知るためには測定することが必要です。何百万人もの人口を擁する現代の国家で、政府が全学校、全病院を個々に評価するのは不可能です。現代の大規模ビジネスについても同じことが言えます。評価に基準があるのには理由があります。たとえば自動車会社は、車をいちばん多く売ったセールスパーソンにボーナスを払うかもしれませんし、それが目標に向かって懸命に働くインセンティブとなって、会社全体のパフォーマンスが上がるかもしれません。基準は必要です。

しかし、それにはトレードオフがあります。もし車のセールスパーソンがお互いに協力するのではなく（顧客の前でお互いをけなすなどの）競争を始めたら、車の販売台数は全体として減ってしまうでしょう。責任者が注意していなければ、基準は本当に大切なものではなく、その代理にすぎないことを見失ってしまいます。本当に大切なのは、たいていは複雑で、多層的で、定義が難しい——けれども実際に存在する——根源的な質です。そして、メディアの人々も同じように、この点を見失うことがあります。だから、〝PPE（個人防護具）アイテム〟の生産数についてのプレスリリースを、その〝アイテム〟がN

95マスクなのか使い捨て手袋なのかを気にすることなく受け取ってしまうのです。[13]

グッドハートの法則をある程度避ける方法はあります。評価する基準を頻繁に変更したり、複数の基準で評価したりすれば、その弊害を軽減できます。しかし、とにかく測定をしなければ、常に複雑さを増している根源的な現実を十分に把握することは絶対にできません。作家のウィル・カートがかつてツイートしたように、「完璧な要約統計量を追求するのは、本を読む必要がなくなるくらいの推薦文をブックカバーに書こうとするようなもの[14]」です。

明らかに、これこそが10万回の検査目標で起こったことでした（後知恵ではありません。[15]トムはハンコックが例の断言をする前に、〝グッドハートの法則の温床だ〟と書きました）。このアイデアは、車の販売へのボーナス同様、検査数を押し上げるよう目標を設定するというものでした（アイデア自体は立派なものでした）。しかしその後、この特定の恣意的に決めた目標値を達成することに躍起になってしまい、そのため突如として目標が検査の実施数ではなく〝検査能力〟になってしまったのです。さらには郵送検査、そして抗体検査へと……。

問題は、検査がちょうど10万回行われるかどうかは実際のところ大切ではなかったという点です。大切だったのは、検査を必要とする人全員が検査できるかどうか、そしてCO

VID－19に感染して自己隔離が必要な人にすぐ通知ができる迅速な検査体制が整っているかでした。

イギリスのCOVID－19対応が（検査を含めて）適切だったかどうか、そして、そうでなかったなら誰に責任があるのかは、公の審理が避けられない問題であり、分かるまでに今後数年はかかるでしょう。しかし、２０２０年4月30日の検査の回数が９万９９９９回か10万1回かが問題だという考えはばかげています。目標値、評価の基準、そして統計について読む（または書く）際は、それ自体が大切なのではなく、あくまで大切なことの代理であるということを覚えておいてください。

結論および統計スタイルガイド

トムは今日まで悲惨なほど長い間ジャーナリストであり、幅広いさまざまな組織で働いてきました。こうした組織には皆、〝ハウススタイル〟と呼ばれるものがあります。ハウススタイルがあることにより、記事の表記が統一されます。たとえばトムがキャリアをスタートさせた「デイリー・テレグラフ」では、〝59%〟ではなく〝59パーセント〟と書くことになっています（これは本書の編集者もこだわっている点です）。記事に人名が出てくるときは、初出時はフルネーム（ジョン・スミス）で、次からは姓だけでなく敬称を付けます（スミス氏）。新型コロナウイルス感染症はＣｏｖｉｄ-19（ＣＯＶＩＤ-19ではない）、アメリカ航空宇宙局はＮａｓａ（ＮＡＳＡではない）です。

＊最後のルールに興味がある人へ。一般にイギリスの新聞は前者、アメリカは後者を好みます。イギリスの報道では、略語を単語として発音する場合（例、Ｃｏｖｉｄをシー・オー・ヴイ・アイ・ディーではなくコービッドと発音）は最初の文字だけを大文字にしますが、文字ごとに発音する場合（例、ＢＢＣをビー・ビー・シーと発音）は、すべて

を大文字にします。ある理由で、このルールはイギリス独立党（Ukip）の支持者をえらく慌てさせました［kipにはアイルランドで「宿」もしくは「売春宿」という意味がある］。

「デイリー・テレグラフ」には自分たちのスタイルガイドがあり、同紙の往年のコラムニストであるサイモン・ヘファーはそれを1冊の本にまとめました[1]。人物や場所についての記載方法も含まれています。「デイリー・テレグラフ」は、上流階級、聖職者、軍人の正式な記載方法に関しては極めて独特でした（「公爵、侯爵、伯爵の長男は、父親に二番目の称号がある場合には、それを礼儀として受け継ぎます。ベッドフォード公爵の息子はタビストック侯爵です。もしタビストック卿に長男がいれば、公爵の三番目の称号を使うことができ、したがって彼はハウランド卿です[2]」）。

トムが何年か働いた別の媒体である「バズフィード」も自分たちのスタイルガイドがあり、こちらはバロネット［準男爵］からモンシニョール［カトリック教会における聖職者の敬称］まで称号を正しく識別することにはほとんど関心を払いません。その代わり、〝バットダイヤル（butt-dial）〟［携帯電話をお尻のポケットに入れているために、知らないうちに誰かに電話してしまうこと］、〝サークルジャーク（circle jerk）〟［男性数人が輪になって自慰行為をしたり、それを手伝ったりすること］、〝ドューシュバッグ（douchebag）〟［膣洗浄用の器具、転じてイヤな奴］（といった類の語）にハイフンを付けるかどうかや、ジェニファー・ロペスに略語（J.Lo）で言及する際にスペースを入れるかどうか（入れない）[3]のルールにはかなりの時間を使っています。他の媒体でも自分たちのガイドがあり、自分たちの読者にもっとも関心の高いことに力を入れているはずです。

（忘れられないのは、イギリスでとりわけいかがわしいタブロイド紙「サンデー・スポーツ」の編集者が「MAN LOSES B＊LLOCKS BUT DOCS SAVE HIS BELL-END!（男は睾丸を失うが亀頭は医者が救う！）」という見出しに文句をつける電子メールをスタッフ全員に送りつけたことです。「このページを見たとき、俺は具合が悪くなったぜ。この見出しには編集スタッフ全員がすぐに指摘しなくちゃならない明らかな誤りが2つ、ある。bollocksは見出しであっても＊は入れない、で、bell-endにハイフンを入れやがったのはどこのどいつだ？」。それから彼は一連の〝もっともよくある間違い〟をリストアップして、印刷して机に貼っておくようスタッフに命じました。「SHIT（糞）：本文でも見出しでもフルに書く、WANK（自慰）：本文ではフルに書く、見出しならw＊＊k……」など）[4]。

自分たちのスタイルガイドを持たない小規模な媒体でも、ハウススタイルはあります。たとえばアメリカの出版社の多くはAP（Associated Press）のスタイルブックを使っています。

これは本当に重要なことです。よくできたハウススタイルは、表記を統一して明確にし、出版物をよりプロフェッショナルに感じさせます。ある段落では「bellend」と書き、次の段落では「bell-end」と書くような人を、どうすれば信用できるでしょうか？

ですが、スタイルガイドが数字の提示の仕方について述べていることはめったにないというのは特筆すべきです。数字の記載の仕方については書いてあります。新聞では通常、1（one）から9（nine）は文字で書き（書籍では通常99、ninety-nineまで）、それより大きいと数字で書きます（134、5,299等）。さらに10億（one billion）、100億（10 billion）などとなります。しかし、数字を注意深くかつ責任を持って使う方法、数字自体が確実に公正で正確なストーリーを語る方法については書かれていません。

本書はまさにそのようなスタイルガイドとして読むことができます。ある意味、統計の正しい書き方についてのAPスタイルガイドです。メディア各社がこのガイドに従い始めること、あるいは（それと同じくらい妥当なことですが）ガイドの必要性を理解して自分たち自身のガイドを書いてくれることを期待します。実際、本書は単なる書籍ではなく、メディアに統計リテラシーと責任を求めるキャンペーン活動の始まりなのです。もしあなたがジャーナリストなら、本書を利用し始めてくださればうれしいですし、もしあなたがジャーナリストでなければ、メディア各社に対して本書やそれに類するものを順守するよう働きかける私たちの取り組みを応援してくださればうれしいです。

また、ここに挙げたヒントのいくつかは、あなたがジャーナリストであるかどうかにかかわらず、自分が記事を読むときに何に目を光らせるべきかについての短い覚え書きとして非常に役に立つと思います。

私たちは、これは必要なことだと考えています。ニュースに書いてあることは何も信頼できないということではありません。ジャーナリストのほとんどは、真実の記事を書きたいと思っているまともな人たちです。しかし、トムの経験上、数字の人というよりは圧倒的に言葉の人なのです。〝データジャーナリスト〟も存在してはいますが、彼らは専門家です。

少なくとも私たちが見付けられた少数のデータを見る限り、ほとんどのジャーナリストはSTEM（科学・技術・工学・数学）ではなく人文科学の出身者です。これは批判ではありません。トムは大学では哲学を学びましたし、ジャーナリズムに必要とされる基本的な計算能力に物理の学位は必要ありません。ただ、多くのジャーナリストは、読者と同様に、数字をどのように提示すべきかについて考える機会が単になかったのです。

当然ながら、この1冊のとても短い本では、統計上の誤りを避ける方法について知っておくべきことのすべてを学ぶことはできません。そのうえ、これまでお話ししてきた多くの間違いは根深く、かつ体系的なものです。たとえば、グッドハートの法則（測定値が目標になってしまう問題）を避けることは、政府やビジネスのあらゆるレベルにおいて大きな課題です。科学における目新しさの要求は、メディアに限らず、簡単に取り除けるようなものではありません。合流点バイアスやシンプソンのパラドックスを見抜くことは科学者でも難しく、ジャーナリストがうまくできないからといって責めるのはフェアではありません。

しかし、本書で議論してきた間違いの多くは、理解しやすいものです。それについて考えたことがなければ避けることもできないでしょうが、いちど指摘されれば、それがなぜ問題なのか、ほぼ誰でも分かるはずです。

さて、前置きはこのくらいにして、私たちがもっとも重要と考えること、数字に責任を持つジャーナリストのための統計スタイルガイドをお示しします。

①数字を文脈の中に置きましょう

それは大きな数ですか？　と自分に問いましょう。もしイギリスが毎年600万トンの汚水を北海に流しているとしたら、とてもひどいことのように聞こえます(5)。でもこれは多いと言えるのでしょうか？　分母は何でしょうか？　自分が思っているより多いか少ないかを理解するにはどんな数字が必要でしょうか？　たとえば、この例ではおそらく、北海には54兆トンの水があるということになるでしょう。詳しくは第9章を参照してください。

②相対リスクだけでなく絶対リスクも示しましょう

焦げたトーストを食べるとヘルニアのリスクが50パーセント高くなると言われたら心配になります。しかし、ヘルニアがどのくらい多いのかをまず言ってくれなければ無意味です。読者に絶対リスクを知らせましょう。その最善の方法は、それが影響を及ぼすと思われる人数を使うことです。たとえば「1万人に2人が一生のうちにヘルニアになります。もし焦げたトーストを定期的に食べれば、1万人に3人になります」などと。また、何かがどのくらい〝急成長〟しているかという記事には注意しましょう。たとえばある政党で、もし党員が1人から2人へと倍増したら、簡単にイギリスで〝急成長〟した政党になります。詳しくは第11章を参照してください。

③自分が記事に書いている研究が先行研究全体の公正な代表かどうかを確認しましょう

すべての科学論文が同じようにできているわけではありません。欧州合同原子核研究機構（CERN）がヒッグス粒子を発見したとか、レーザー干渉計重力波観測所（LIGO）が重力波を検出したという場合は、それだけで報道する価値があります。しかし、赤ワインが健康に良いことを示す新しい研究について記事にするときは、多数の先行研究があり、個々の研究は全体像の一部分にすぎないという文脈の下で示すべきです。同じ分野でその研究に携わっていない同じ分野の専門家に電話をして、その問題に関するコンセンサスを洗いざらい話してもらうのはよいアイデアです。詳しくは第14章を参照してください。

④研究のサンプルサイズを示しましょう——小さければ用心しましょう

1万人対象のワクチンの試験は、統計上のノイズやランダムな誤差に対して頑健なはずです。一方、学生15人を対象に、手を洗ったらやましい気持ちが薄まるかどうかを尋ねる心理学の研究は、それに対してはるかに脆弱です。小規模の研究が常に悪いわけではありませんが、誤った結果になる可能性が高く、記事にする際は注意しましょう。目安としては、研究の参加者が100人未満なら用心することをお勧めします。ただ、より小規模でも非常に頑健な研究もあるので、これは絶対に守らなければならないルールというわけではありません。しかし、他がすべて同じなら、規模が大きい研究のほうが良いとは言えます。関連して、アンケートや投票による調査はサンプルにバイアスがかかっていることが多いので注意してください。詳しくは第3章を参照してください。

⑤科学はp値ハッキングや出版バイアスなどと戦っているという問題を意識しましょう

ジャーナリストはあらゆる分野でエキスパートになれるはずはなく、科学者自身がしばしば間違いを犯すという問題を見落としたとしても責められません。しかし警告のフラグは立っています。たとえば、もしある研究が〝事前登録〟されていなければ、あるいはいっそのこと〝登録報告（RR）〟でないのなら、科学者は、データをいったん集めてから、論文に書けるような何かが見つかるようにデータを見直したのかもしれません。あるいはまた、科学者の机の引き出しかどこかには、何百もの他の研究が発表されずにしまわれているかもしれません。逆に、もし結果が驚くべき（その分野の他の知見からは予想できないような）ものである場合、それは真実でないからかもしれません。科学はときに驚きをもたらしますが、たいていはそれほどでもありません。詳しくは第5章および第15章を参照してください。

⑥予測値を1つの数字として出さないでください。信頼区間を示して説明しましょう

もしあなたが「予算責任局（OBR）のモデルによれば来年の経済成長率は2・4パーセント」と報道するとしたら、それは正確で科学的に聞こえます。しかし、もしその95パーセント信頼区間がマイナス1・1パーセントからプラス5・9パーセントであることに言及しなければ、この数字の精度について誤った印象を与えたことになります。そうであってほしくないと願うときもありますが、未来とは不確実なものなのです。予測がどのようにして作成され、なぜ不確かなのかについて説明するようにしましょう。詳しくは第17章と第18章を参照してください。

⑦何かが何かの原因であると言ったりほのめかしたりしている場合は注意しましょう

多くの研究が、何かと別の何かとの間の関連を発見しています。たとえば炭酸飲料と暴力との関連や、電子タバコと喫煙との関連など。しかし2つが関連しているという事実は、一方が他方の原因であるという意味ではなく、何か他のことが起きている可能性がありま す。もしその研究がランダム化試験でないのなら、因果関係を示すのはずっと難しいのです。その研究では因果関係を示すことができない場合、「ビデオゲームが暴力の原因」とか「ユーチューブが過激主義の原因」と言うのは慎重にしましょう。詳しくは第8章を参照してください。

⑧チェリーピッキング（いいとこ取り）やランダムなばらつきには用心しましょう

もし何かが2010年と2018年の間に50パーセント上昇したことに気づいたら、グラフを2008年や2006年から始めたとしても同じくらい劇的な上昇が見られるかどうか、ちょっと確認してみましょう。数字は少々変動することはあり、たまたま低かった時点を取り上げれば、ランダムなばらつきをショッキングなストーリーのように見せることができます。殺人や自殺といった、相対的にまれな事象については特にこれが言えます。詳しくは第16章を参照してください。

⑨ランキングには気を付けましょう

イギリスは世界第5位の経済規模から第7位に落ちた？　ある大学は世界で48番目に良

い大学とランクされている？　それは何を意味するのでしょうか？　ランキングの背景にある数字次第で、重大な意味にもなれば無意味にもなります。たとえば、デンマークは公共の除細動器が人口100万人当たり1000台で世界をリードしており、イギリスは968台で17位だとしましょう。これは、公共の除細動器がまったくない国と比べれば、特に大きな違いではありません。この場合の17位とは、イギリスの保健当局が公共の救急設備を軽視しているという意味でしょうか？　おそらくそうではないでしょう。ランキングを扱うときは常に、その裏付けとなる数字と、どうしてそのランキングになったのかを説明するようにしてください。詳しくは第13章を参照してください。

⑩常にネタ元を示しましょう

この項目が鍵です。その数字を得た場所にリンクを張るか、脚注で示しましょう。元の情報源とは、科学研究（学術誌のページ、またはＤＯＩ［インターネット上のドキュメントに恒久的に与えられるデジタルオブジェクト識別子（Digital Object Identifier）］のページ）、イギリス統計局の紀要、ユーガブの調査など。そうしないと、読者が自分で数字を確認するのがずっと難しくなってしまいます。

⑪間違えたらそれを認めましょう

決定的に重要なことです。もしあなたが間違っていて、誰かがそれを見つけたら――心配ご無用。しょっちゅうあることです。お礼を述べて、訂正して、そして前に進めばよいのです。

もし本書を読んでいるあなたが学者なら、あなたにもできることがあります。メディアと同様、あなたもまた、出版バイアスや目新しさの要求といった、科学における構造的な問題のすべてを自力で解決できるとは思えません（もしあなたが事前登録や〝登録報告（RR）〟を欠かさないとしたら、それは素晴らしい）。でも、もし自分の研究がプレスリリースされたら、そのリリースが研究内容を正確に記述しているかを確認することはできます。重要なのは、もし自分の研究が何かを示しているのではない場合、はっきりとそう述べるのが得策だということです。たとえば、クロスワードパズルをする人はアルツハイマー病になりにくいということを発見した場合に、それが因果関係を示すものではないなら、「これは、クロスワードパズルがアルツハイマー病を予防するという意味ではありません」とプレスリリースに書くことが大事です。心強いことに、カーディフ大学の科学者グループが行った2019年の研究によれば、プレスリリースにおけるこの種の但し書きは、その研究についてのメディアの記事における誤情報の量を減らしたそうです――ただし記事の数は減りませんでしたが。[6] ジャーナリストが研究について記事にする程度は同じでも、結果を誤って理解することは減ったのです。

もちろん、皆さんのほとんどはジャーナリストや学者ではなく（そう願います）、普通の、荒れた手で畑を耕す農家の人、あるいは何であれ一般的な人でしょう。そして、そんなあなたも仲間になってくれればうれしく思います。

こうした変革を試みることは、投票システムを改革しようとすることに少し似ています。たとえば、イギリスの議会下院が採用している先着順当選制［他の候補者より多くの票を獲得した人が当選する］から、他の多くのヨーロッパの国々で採用されている比例代表制へ、というように、新しい投票システムに変更するためには、まず古いシステムで選挙に勝つ必要があります。そして、いったんあなたの政党が古いシステムで勝ったら、権力を手にしたあなたには、システムを変更するインセンティブはほとんどありません。

同様に、多くの学者やジャーナリストは、数字の提示の仕方に問題があることは分かっています。多くの人がそのことを公に認めています。しかし、いったん権力のある地位（教授、あるいは上級ジャーナリスト）につくと、システムの内部に取り込まれ、それを変更するインセンティブはそれほどなくなってしまうのです。

しかし、もし読者が改善を要求し始めたら——もし読者が新聞に対して「なぜ絶対リスクを書かなかったのか？」とか「その数字はいいとこ取りをしているのではないのか？」

などと投稿し始めたら――そのインセンティブは変わってきます。ニュースに目を光らせ、本書で述べたような方法で間違いを見つけ、それを礼儀正しく指摘することにより、システムを少しずつ改善することに貢献することになります。というか、いずれにせよ私たちはそれを願っています。

そこで、もしあなたが賛成してくだされば、私たちはキャンペーンを立ち上げます(howtoreadnumbers.com)。そうすれば皆が統計を得意になるでしょう。

まあ、もしかしたらね。

僕は以前、「関連がある」は「因果関係がある」ことだと考えていたんだ。

その後、僕は統計学のクラスを取った。今はそうは考えない。

そのクラスが役に立ったのね。
まあ、もしかしたらね。

（出典　https://xkcd.com/552/）

謝辞

本書の執筆を助けてくれたことに対して、お礼を言いたい人が大勢います。そのため順不同です。

ウィル・フランシスとジェニー・ロードは、それぞれエージェントと編集者ですが、本書のアイデアに関心を持ち、ぼんやりとした考えを実際に売れるものにするのを手伝ってくれました。

サラ・チヴァースはトムの妹で、好都合なことにグラフィックデザイナーであり、すべての美しいイラストレーションを提供してくれました。

ピート・エッチェルス、スチュアート・リッチー、スティアン・ウエストレイク、マイク・ストーリー、ジャック・ベイカー、ホルガー・ウィーゼ、そして、〝不勉強な経済学者〟と呼ばれているらしき誰かさんは、事例や、アイデアの提供、査読をしてくれました。

ステファンはデイヴィッドの父親で、第3章で確率を理解しようと格闘しているジョー・ウィックスの例を教えてくれました。（ステファンはロックダウンの間に「ジョーといっしょに運動しよう」の全セッションをやり遂げました）。トムの父親であるアンディも査読をしてくれました。

トムの子どもたち、アーダとビリーは、ときどき乱入してトムを困らせました。そしてもちろん、私たちの妻、エマ・チヴァースとスザンヌ・ブラウンに。

私たちはまた、オープン大学の応用統計学の名誉教授であるケヴィン・マッコンウェイ先生の名前を特に挙げたいと思います。彼は本書全体を読み、多くの誤りを指摘し、我慢強く修正してくれました。しかも、すばらしく明瞭、かつユーモアを持って。彼の超人的な努力にもかかわらず間違いはいくつかあると思いますが、それは彼ではなく私たちの責任です。私たちは深甚な謝意をもって頭を下げたいと思います。キング・ケヴィン万歳。

訳者あとがき

2020年1月に日本で1例目となる新型コロナウイルス感染症（COVID－19）が発表されてからまるまる2年間にわたって、私たちはCOVID－19に関する膨大な情報にさらされ続けています。COVID－19は、感染症のパンデミックであると同時に、情報のパンデミック（＝インフォデミック）をもたらしました。

COVID－19情報の多くは、数字とともに語られます。テレビや新聞は新規感染者（＝検査陽性者）の数を毎日のように報道していますし、実効再生産数が1を超えたとか超えなかったとか、ワクチンの効果が何パーセントとか、うちの県ではコロナ専用病床があと何床必要とか、数え上げればきりがありません。医療従事者でない一般市民が、特定の病気について、しかもその病気の数字についてこれほど物知りになったことは、これまでなかったのではないでしょうか。

数字があると、私たちはより詳しく、より正確に分かった気になります。今月は先月に比べてＣＯＶＩＤ－19が「すごく増えた」と言うよりも、「１００人増えた」と言うほうが、具体的と言えば具体的です。しかし、「先月は20人だったが今月は１００人増えて１２０人になった」のと、「先月は2万人だったが今月は１００人増えて2万１００人になった」のとでは、「１００人増えた」の意味はまったく違ってきます。もし後者であれば「すごく増えた」とは言い難いでしょう。つまり、数字がありさえすればより詳しく、より正確に分かるとは必ずしも言えず、かえって誤解を生んでしまうこともあります。

例を挙げましょう。ＣＯＶＩＤ－19の抗体カクテル療法が日本に導入され始めた２０２１年9月、ＮＨＫで「抗体カクテル療法 約8割の患者回復 軽症者向けで効果 東京都」というニュースが報じられました。見出しの「約8割」からは、抗体カクテル療法は約8割も効果がある画期的な薬という印象を受けます。本文では「この治療を受けた１０２人のうち82人は症状が回復するか安定したということです」と説明され、8割とは「82÷102」を指していることが分かります（https://www3.nhk.or.jp/news/html/20210903/k10013240361000.html）。

しかしよく考えてみると、この82人の中には、抗体カクテル療法を受けたために症状が回復するか安定した人と、もし抗体カクテル療法を受けなかったとしてもいずれ症状が回復するか安定した人が混在している可能性があります。言い換えれば、抗体カクテル療法を受けなかった人との比較がない以上、約8割という数字を抗体カクテル療法の効果と捉えることはできません。そのためこの見出しは読者の誤解を招く恐れがあります。

抗体カクテル療法の特例承認の根拠となった臨床試験（REGN－COV2067試験）では実際に、抗体カクテル療法群とプラセボ群を比較しました。その結果、投薬29日目までに入院または死亡した人は、抗体カクテル療法群は736人中7人（1・0パーセント）、プラセボ群は748人中24人（3・2パーセント）でした。3・2パーセントを1・0パーセントに減らしたのですから、抗体カクテル療法には入院や死亡を約7割減らす効果があると言えます。NHKの記事の「8割」よりは小さいものの、画期的な薬には違いなさそうです。

でも、もう少し数字を眺めてみると、違う側面が見えてきます。抗体カクテル療法群で1・0パーセントが入院または死亡したということは、残りの99・0パーセントは入院や死亡に至らなかったことになります。同様に、プラセボ群は96・8パーセントが入院や死亡はしませんでした。つまり両群ともほとんど（95パーセント以上）の人は、抗体カクテル療法を受けようが受けまいが入院も死亡もしなかったことになります。両群間の差は2・2パーセント分だけ。「約7割減らす」に比べると、薬の効果がよりリアルに見えてくると思いませんか。

本書は、ニュースに出てくる数字や、集めてきた数字を目的に沿って整理した統計の読み方（原題は『How to Read Numbers』）について、イギリスにおける実際の報道事例をふんだんに引用しながら教えてくれる楽しい本です。各章で取り上げられた数字の読み方の〝勘所〟は疫学や統計学の基本を踏まえており、かつ、ニュースによく出てきそうなポイントを突いています。訳者自身も本書を読みながら「なるほど」と思った箇所がいくつもありました。

原著者はまた、ニュースを書く側のジャーナリスト向けに、11項目から成る「統計スタイルガイド」を提案しています。日本の健康・医療関連のニュースには、研究（論文）の内容を直接紹介する記事がイギリスに比べて少ないこともあり、すぐに適用することは難しいかもしれませんが、少なくともいくつかは実行できそうです。

原著者の目はさらに、ニュースのネタ元となる研究、そして研究を行う研究者にも向けられています。競争の激しい現代の研究者は、業績を上げ（て自分の地位を確立す）るために論文を量産することが求められ、論文を量産するために論文になりそうなデータを出し続けることが求められます。それが行き過ぎると、p値ハッキングや後付け解析（データを見てから意図的に都合のよい部分を探し出して解析すること）といった、研究の質を下げる行為につながる恐れがあります。質の低い研究からは質の高いニュースは絶対に生まれません。

つまり、ニュースの読者がよりよい情報を手に入れるためには、情報を「つくる」「つたえる」「つかう」（Nakayama, T., 'Evidence-based Healthcare and Health Informatics: Derivations and Extension of Epidemiology.' *J Epidemiol.* 2006; 16: 93–100.）すべての立場の人が関係しています。本書を手に取ってくださる読者がどの立場であっても、きっと何かヒントを見つけることができるでしょう。

最後に、終始適切なアドバイスで訳者を助けてくださった、長年の友人でもある編集担当の喜入冬子さんと、序文冒頭の『イルミナエ・ファイル』の該当箇所を探してくれた家族に感謝します。

２０２１年12月

北澤京子

原註

第１章

1. Sam Blanchard, 'Care home "epidemic" means coronavirus is STILL infecting 20,000 people a day in Britain amid fears the virus's R rate may have gone back UP to 0.9', *Mail Online*, 2020 https://www.dailymail.co.uk/news/article-8297425/Coronavirus-infecting-20-000-people-day-Britain-warns-leading-expert.html
2. Nick McDermott, 'Coronavirus still infecting 20,000 people a day as spike in care home cases sends R rate up again to 0.9, experts warn', the *Sun*, 2020 https://www.thesun.co.uk/news/11575270/coronavirus-care-home-cases-spike/
3. Selvitella, A., 'The ubiquity of the Simpson's Paradox', *Journal of Statistical Distributions and Applications*, 4(2) (2017) https://doi.org/10.1186/s40488-017-0056-5
4. Simpson, Edward H., 'The interpretation of interaction in contingency tables', *Journal of the Royal Statistical Society*, Series B 13 (1951), pp. 238–41.
5. Persoskie, A. and Leyva, B., 'Blacks smoke less (and more) than whites: Simpson's Paradox in U.S. smoking rates, 2008 to 2012' *Journal of Health Care for the Poor and Underserved*, 26(3) (2015), pp. 951–6 doi: 10.1353/hpu.2015.0085

第２章

1. Isabella Nikolic, 'Terminally-ill British mother, 40, who kept her lung cancer secret from her young daughter shocks medics after tumour shrinks by 75% following alternative treatment in Mexico', *Mail Online*, 2019 https://www.dailymail.co.uk/news/article-6842297/Terminally-ill-British-mother-40-shocks-medics-tumour-shrinks-75.html
2. Jasmine Kazlauskas, 'Terminally ill mum who hid cancer claims tumour shrunk 75% after "alternative care"', *Daily Mirror*, 2019 https://www.mirror.co.uk/news/uk-news/terminally-ill-mum-who-hid-14178690
3. Jane Lavender, 'I've cured my chronic back pain with £19 patch – but NHS won't prescribe it', *Daily Mirror*, 2019 https://www.mirror.co.uk/news/uk-news/ive-cured-chronic-back-pain-14985643
4. Hoy, D., March, L., Brooks, P., Blyth, F. et al., 'The global burden of low back pain: estimates from the Global Burden of Disease 2010 study', *Annals of the Rheumatic Diseases*, 73 (2014), pp. 968–74 https://ard.bmj.com/content/73/6/968.abstract?sid=72849399-2667-40d1-ad63-926cf0d28c35
5. BioElectronics Corporation Clinical Evidence http://www.bielcorp.com/Clinical-Evidence/
6. Andrade, R., Duarte, H., Pereira, R., Lopes, I., Pereira, H., Rocha, R. and

Espregueira-Mendes, J., 'Pulsed electromagnetic field therapy effectiveness in low back pain: A systematic review of randomized controlled trials', *Porto Biomedical Journal*, 1(5) (November 2016), pp. 156–63 doi: 10.1016/j.pbj.2016.09.001
7. Letter K192234, US Food & Drug Administration, 2020 https://www.accessdata.fda.gov/cdrh_docs/pdf19/K192234.pdf
8. Stephen Matthews, 'Remarkable transformation of six psoriasis patients who doctors say have been treated with homeopathy – including one who took a remedy derived from the discharge of a man', *Mail Online*, 2019 https://www.dailymail.co.uk/health/article-7213993/Six-patients-reportedly-cured-psoriasis-starting-homeopathy.html

第3章
1. Ian Sample, 'Strong language: swearing makes you stronger, psychologists confirm', the *Guardian*, 2017 https://www.theguardian.com/science/2017/may/05/strong-language-swearing-makes-you-stronger-psychologists-confirm
2. Stephens, R., Spierer, D. K. and Katehis, E., 'Effect of swearing on strength and power performance', *Psychology of Sport and Exercise*, 35 (2018), pp. 111–17 https://doi.org/10.1016/j.psychsport.2017.11.014
3. 'PE with Joe', 2020 https://www.youtube.com/watch?v=H5Gmlq4Zdns
4. Gautret, P., Lagier, J.-C., Parola, P., Hoang, V. T. et al., 'Hydroxychloroquine and azithromycin as a treatment of COVID-19: Results of an open-label non-randomized clinical trial', *International Journal of Antimicrobial Agents*, 56 (1) (2020) doi: 10.1016/j.ijantimicag.2020.105949
5. Donald J. Trump, @realdonaldtrump, 2020 https://twitter.com/realDonaldTrump/status/1241367239900778501

第4章
1. 'BRITS LIKE IT CHEESY: Cheese on toast has been voted the nation's favourite snack', the *Sun*, 2020 https://www.thesun.co.uk/news/11495372/brits-vote-cheese-toast-best-snack/
2. Bridie Pearson-Jones, 'Cheese on toast beats crisps and bacon butties to be named the UK's favourite lockdown snack as people turn to comfort food to ease their anxiety', *Mail Online*, 2020 https://www.dailymail.co.uk/femail/food/article-8260421/Cheese-toast-Britains-favourite-lockdown-snack.html
3. 'How do you compare to the average Brit in lockdown?', Raisin.co.uk, 2020 https://www.raisin.co.uk/newsroom/articles/britain-lock-down/
4. Greg Herriett, 20 November 2019, Twitter https://twitter.com/greg_herriett/status/1197115377739845633
5. Ofcom media literacy tracker 2018 https://journals.sagepub.com/doi/10.1177/2056305117698981

6. Sloan, L., 'Who Tweets in the United Kingdom? Profiling the Twitter population using the British Social Attitudes Survey 2015', *Social Media +Society*, 3(1) (2017) https://doi.org/10.1177/2056305117698981
7. Tversky, A. and Kahneman, D., 'The behavioral foundations of economic theory', *The Journal of Business*, 59(4) (October 1986), Part 2, pp. S251–S278

第５章

1. Helena Horton, 'Men eat more food when they are trying to impress women, study finds', the *Daily Telegraph*, 2015 https://www.telegraph.co.uk/news/science/12010316/men-eat-more-food-when-they-are-trying-to-impress-women.html
2. Lisa Rapaport, 'Men may eat more when women are watching', *Reuters*, 2015 https://www.reuters.com/article/us-health-psychology-men-overeating/men-may-eat-more-when-women-are-watching-idUSKBN0TF23120151126
3. 'Men eat more in the company of women', 2015, *Economic Times* https://economictimes.indiatimes.com/magazines/panache/men-eat-more-in-the-company-of-women/articleshow/49830582.cms
4. Kniffin, K. M., Sigirci, O. and Wansink, B., 'Eating heavily: Men eat more in the company of women', *Evolutionary Psychological Science*, 2 (2016), pp. 38–46 https://doi.org/10.1007/s40806-015-0035-3
5. Cassidy, S. A., Dimova, R., Giguère, B., Spence, J. R. and Stanley, D. J., 'Failing grade: 89% of introduction-to-psychology textbooks that define or explain statistical significance do so incorrectly', *Advances in Methods and Practices in Psychological Science*, 2(3) (2019), pp. 233–9 https://doi.org/10.1177/2515245919858072
6. Haller, H. and Kraus, S., 'Misinterpretations of significance: A problem students share with their teachers?', *Methods of Psychological Research*, 7(1) (2002), pp. 1–20
7. Cassidy et al., 2019
8. Brian Wansink, 'The grad student who never said "No"', 2016, archived at https://web.archive.org/web/20170312041524/http://www.brianwansink.com/phd-advice/the-grad-student-who-never-said-no
9. Stephanie M. Lee, 'Here's how Cornell scientist Brian Wansink turned shoddy data into viral studies about how we eat', *BuzzFeed News*, 2018 https://www.buzzfeednews.com/article/stephaniemlee/brian-wansink-cornell-p-hacking
10. Ibid.

第６章

1. Jean Twenge, 'Have smartphones destroyed a generation?', *The Atlantic*, 2017 https://www.theatlantic.com/magazine/archive/2017/09/has-the-

smartphone-destroyed-a-generation/534198/
2. Dr Leonard Sax, 'How social media may harm boys and girls differently', *Psychology Today*, 2020 https://www.psychologytoday.com/us/blog/sax-sex/202005/how-social-media-may-harm-boys-and-girls-differently
3. Orben, A. and Przybylski, A., 'The association between adolescent well-being and digital technology use', *Nature Human Behaviour*, 3(2) (2019) doi: 10.1038/s41562-018-0506-1
4. Damon Beres, 'Reading on a screen before bed might be killing you', *Huffington Post*, 23 December 2014 https://www.huffingtonpost.co.uk/entry/reading-before-bed_n_6372828
5. Chang, A.-M., Aeschbach, D., Duffy, J. F. and Czeisler, C. A., 'Evening use of light-emitting eReaders negatively affects sleep, circadian timing, and next-morning alertness', *Proceedings of the National Academy of Sciences of the United States of America*, 112(4) (2015), pp. 1232–7 doi: 10.1073/pnas.1418490112
6. Przybylski, A. K., 'Digital screen time and pediatric sleep: Evidence from a preregistered cohort study', *The Journal of Pediatrics*, 205 (2018), pp. 218–23. e1

第７章

1. Arman Azad, 'Vaping linked to marijuana use in young people, research says', *CNN*, 2019 https://edition.cnn.com/2019/08/12/health/e-cigarette-marijuana-young-people-study/index.html
2. Chadi, N., Schroeder, R., Jensen, J. W. and Levy, S., 'Association between electronic cigarette use and marijuana use among adolescents and young adults: A systematic review and meta-analysis', *JAMA Pediatrics*, 173(10) (2019), e192574 doi: 10.1001/jamapediatrics.2019.2574
3. Hannah Ritchie and Max Roser, 'CO_2 and greenhouse gas emissions', *Our World in Data* https://ourworldindata.org/co2-and-other-greenhouse-gas-emissions#per-capita-co2-emissions; Hannah Ritchie and Max Roser, 'Obesity', *Our World in Data* https://ourworldindata.org/obesity
4. Camenga, D. R., Kong, G., Cavallo, D. A., Liss, A. et al., 'Alternate tobacco product and drug use among adolescents who use electronic cigarettes, cigarettes only, and never smokers', *Journal of Adolescent Health*, 55(4) (2014), pp. 588–91 doi: 10.1016/j.jadohealth.2014.06.016
5. van den Bos, W. and Hertwig, R., 'Adolescents display distinctive tolerance to ambiguity and to uncertainty during risky decision making', *Scientific Reports 7*, 40962 (2017) https://doi.org/10.1038/srep40962
6. Zuckerman, M., Eysenck, S. and Eysenck, H. J., 'Sensation seeking in England and America: Cross-cultural, age, and sex comparisons', *Journal of Consulting and Clinical Psychology*, 46(1) (1978), pp. 139–49 doi: 10.1037//0022-006x.46.1.139

7. Dai, H., Catley, D., Richter, K. P., Goggin, K. and Ellerbeck, E. F., 'Electronic cigarettes and future marijuana use: A longitudinal study', *Pediatrics*, 141(5) (2018), e20173787 doi: 10.1542/peds.2017-3787
8. Sutfin, E. L., McCoy, T. P., Morrell, H. E. R., Hoeppner, B. B. and Wolfson, M., 'Electronic cigarette use by college students', *Drug and Alcohol Dependence*, 131(3) (2013), pp. 214–21 doi: 10.1016/j.drugalcdep.2013.05.001

第８章

1. 'Fizzy drinks make teenagers violent', the *Daily Telegraph*, 2011 https://www.telegraph.co.uk/news/health/news/8845778/Fizzy-drinks-make-teenagers-violent.html
2. 'Fizzy drinks make teenagers more violent, say researchers', *The Times*, 2011 https://www.thetimes.co.uk/article/fizzy-drinks-make-teenagers-more-violent-say-researchers-7d266cfz65x
3. Solnick, S. J. and Hemenway, D., 'The "Twinkie Defense": The relationship between carbonated non-diet soft drinks and violence perpetration among Boston high school students', *Injury Prevention*, 18(4) (2012), pp. 259–63
4. Angrist, J. D., 'Lifetime earnings and the Vietnam era draft lottery: Evidence from Social Security administrative records', *The American Economic Review*, 80(3) (1990), pp. 313–36 https://www.jstor.org/stable/2006669
5. Haneef, R., Lazarus, C., Ravaud, P., Yavchitz, A. and Boutron, I., 'Interpretation of results of studies evaluating an intervention highlighted in Google health news: A cross-sectional study of news', *PLOS One*, 10(10) (2015), e0140889
6. Miguel, E., Satyanath, S. and Sergenti, E., 'Economic shocks and civil conflict: An instrumental variables approach', *Journal of Political Economy*, 112(4) (2004), pp. 725–53 https://www.jstor.org/stable/10.1086/421174
7. Jed Friedman, 'Economy, conflict, and rain revisited', World Bank Blogs, 21 March 2012
8. Antonakis, J., Bendahan, S., Jacquart, P. and Lalive, R., 'On making causal claims: A review and recommendations', *The Leadership Quarterly*, 21 (2010), pp. 1086–1120 doi: 10.1016/j.leaqua.2010.10.010

第９章

1. '£350 million EU claim "a clear misuse of official statistics"', *Full Fact*, 2017 https://fullfact.org/europe/350-million-week-boris-johnson-statistics-authority-misuse/
2. Sir David Norgrove, letter to Boris Johnson, 17 September 2017 https://uksa.statisticsauthority.gov.uk/wp-content/uploads/2017/09/Letter-from-Sir-David-Norgrove-to-Foreign-Secretary.pdf

3. TFL Travel in London Report 11, 2018 https://content.tfl.gov.uk/travel-in-london-report-11.pdf
4. Rojas-Rueda, D., de Nazelle, A., Tainio, M. and Nieuwenhuijsen, M. J., 'The health risks and benefits of cycling in urban environments compared with car use: Health impact assessment study', *British Medical Journal*, 343 (2011), d4521
5. Kaisha Langton, 'Deaths in police custody UK: How many people die in police custody? A breakdown', *Daily Express*, 2020 https://www.express.co.uk/news/uk/1292938/deaths-in-police-custody-uk-how-many-people-die-in-police-custody-UK-black-lives-matter
6. 'Police powers and procedures, England and Wales', year ending 31 March 2019, 24 October 2019 https://www.gov.uk/government/collections/police-powers-and-procedures-england-and-wales
7. Arturo Garcia and Bethania Palma, 'Have undocumented immigrants killed 63,000 American citizens since 9/11?', *Snopes*, 22 June 2018 https://www.snopes.com/fact-check/have-undocumented-killed-63000-us-9-11/
8. 'Crime in the US 2016', FBI, 25 September 2017 https://ucr.fbi.gov/crime-in-the-u.s/2016/crime-in-the-u.s.-2016/
9. Budget 2020 https://assets.publishing.service.gov.uk/government/uploads/system/uploads/attachment_data/file/871799/Budget_2020_Web_Accessible_Complete.pdf

第10章
1. Zoe Zaczek, 'Controversial idea to give "immunity passports" to Australians who have recovered from coronavirus – making them exempt from tough social distancing laws', *Daily Mail Australia*, 2020 https://www.dailymail.co.uk/news/article-8205049/Controversial-idea-introduce-COVID-19-immunity-passports-avoid-long-term-Australian-lockdown.html
2. Kate Proctor, Ian Sample and Philip Oltermann, '"Immunity passports" could speed up return to work after Covid-19', the *Guardian*, 2020 https://www.theguardian.com/world/2020/mar/30/immunity-passports-could-speed-up-return-to-work-after-covid-19
3. James X. Li, FDA, 1 April 2020 https://www.fda.gov/media/136622/download
4. Nelson, H. D., Pappas, M., Cantor, A., Griffin, J., Daeges, M. and Humphrey, L., 'Harms of breast cancer screening: Systematic review to update the 2009 U.S. Preventive Services Task Force Recommendation' *Annals of Internal Medicine*, 164(4) (2016), pp. 256–67 doi: 10.7326/M15-0970 (published correction appears in *Annals of Internal Medicine*, 169(10) (2018), p. 740)
5. Brawer, M. K., Chetner, M. P., Beatie, J., Buchner, D. M., Vessella, R. L. and Lange, P. H., 'Screening for prostatic carcinoma with prostate specific

antigen', *Journal of Urology*, 147(3) (1992), Part 2, pp. 841–5 doi: 10.1016/s0022-5347(17)37401-3
6. Navarrete, G., Correia, R., Sirota, M., Juanchich, M. and Huepe, D., 'Doctor, what does my positive test mean? From Bayesian textbook tasks to personalized risk communication', *Frontiers in Psychology*, 17 September 2015 doi: 10.3389/fpsyg.2015.01327
7. Jowett, C., 'Lies, damned lies, and DNA statistics: DNA match testing, Bayes' theorem, and the Criminal Courts', *Medicine, Science and the Law*, 41 (3) (2001), pp. 194–205 doi: 10.1177/002580240104100302
8. *The Times* Law Reports, 12 January 1994
9. Hill, R., 'Multiple sudden infant deaths – coincidence or beyond coincidence?', *Paediatric and Perinatal Epidemiology*, 18(5) (2004), pp. 320–26 doi: 10.1111/j.1365-3016.2004.00560.x
10. Anderson, B. L., Williams, S. and Schulkin, J., 'Statistical literacy of obstetrics-gynecology residents', *Journal of Graduate Medical Education*, 5 (2) (2013), pp. 272–5 doi: 10.4300/JGME-D-12-00161.1

第11章

1. Sarah Knapton, 'Health risk to babies of men over 45, major study warns', the *Daily Telegraph*, 2018 https://www.telegraph.co.uk/science/2018/10/31/older-fathers-put-health-child-partner-risk-delaying-parenthood/
2. Khandwala, Y. S., Baker, V. L., Shaw, G. M., Stevenson, D. K., Faber, H. K., Lu, Y. and Eisenberg, M. L., 'Association of paternal age with perinatal outcomes between 2007 and 2016 in the United States: Population based cohort study', *British Medical Journal*, 363 (2018), k4372
3. Sarah Boseley, 'Even moderate intake of red meat raises cancer risk, study finds', the *Guardian*, 2019 https://www.theguardian.com/society/2019/apr/17/even-moderate-intake-of-red-meat-raises-cancer-risk-study-finds
4. Ben Spencer, 'Teenage boys' babies are "30% more likely to develop autism, schizophrenia and spina bifida"', the *Daily Mail*, 2015 https://www.dailymail.co.uk/health/article-2957985/Birth-defects-likely-children-teen-fathers.html
5. Bowel cancer risk, Cancer Research UK https://www.cancerresearchuk.org/health-professional/cancer-statistics/statistics-by-cancer-type/bowel-cancer/risk-factors
6. Klara, K., Kim, J. and Ross, J. S., 'Direct-to-consumer broadcast advertisements for pharmaceuticals: Off -label promotion and adherence to FDA guidelines', *Journal of General Internal Medicine*, 33 (2018), pp. 651–8 https://doi.org/10.1007/s11606-017-4274-9 https://link.springer.com/article/10.1007/s11606-017-4274-9/tables/6
7. Kahwati, L., Carmody, D., Berkman, N., Sullivan, H. W., Aikin, K. J. and DeFrank, J., 'Prescribers' knowledge and skills for interpreting research

results: A systematic review', *Journal of Continuing Education in the Health Professions*, 37(2) (Spring 2017), pp. 129–36 doi: 10.1097/CEH.0000000000000150 https://journals.lww.com/jcehp/Abstract/2017/03720/Prescribers_Knowledge_and_Skills_for_Interpreting.10.aspx

第12章

1. Ben Quinn, 'Hate crimes double in five years in England and Wales', the *Guardian*, 2019 https://www.theguardian.com/society/2019/oct/15/hate-crimes-double-england-wales
2. Hate Crime statistical bulletin, England and Wales 2018/19, Home Office, 2019 https://assets.publishing.service.gov.uk/government/uploads/system/uploads/attachment_data/file/839172/hate-crime-1819-hosb2419. pdf
3. Nancy Kelley, Dr. Omar Khan and Sarah Sharrock, 'Racial prejudice in Britain today', NatCen Social Research, September 2017 http://natcen.ac.uk/media/1488132/racial-prejudice-report_v4.pdf
4. Ibid.
5. 'Data & statistics on autism spectrum disorder', US Centers for Disease Control and Prevention https://www.cdc.gov/ncbddd/autism/data.html
6. Lotter, V., 'Epidemiology of autistic conditions in young children', *Social Psychiatry*, 1(3) (1966), pp. 124–35
7. Treffert, D. A., 'Epidemiology of infantile autism', *Archives of General Psychiatry*, 22(5) (1970), pp. 431–8
8. Kanner, L., 'Autistic disturbances of affective contact', *Nervous Child*, 2 (1943), pp. 217–50
9. この説明は主に以下から引用。Lina Zeldovich, 'The evolution of "autism" as a diagnosis, explained', *Spectrum News*, 9 May 2018 https://www.spectrumnews.org/news/evolution-autism-diagnosis-explained/
10. Volkmar, F. R., Cohen, D. J. and Paul, R., 'An evaluation of DSM-III criteria for infantile autism', *Journal of the American Academy of Child & Adolescent Psychiatry*, 25(2) (1986), pp. 190–97 doi: 10.1016/s0002-7138(09)60226-0
11. 'Crime in England and Wales: Appendix tables', ONS, year ending December 2019 https://www.ons.gov.uk/peoplepopulationandcommunity/crimeandjustice/datasets/crimeinenglandandwalesappendixtables
12. The Law Reports (Appeal Cases), *R* v *R* (1991) UKHL 12 (23 October 1991) http://www.bailii.org/uk/cases/UKHL/1991/12.html
13. 'Sexual offending: Crime Survey for England and Wales appendix tables', ONS, 13 December 2018 https://www.ons.gov.uk/peoplepopulationandcommunity/crimeandjustice/datasets/sexualoffendingcrimesurveyforenglandandwalesappendixtables
14. 'United States: Weekly and biweekly deaths: where are confirmed deaths increasing or falling?', *Our World in Data*, 30 June 2020 update

https://ourworldindata.org/coronavirus/country/unitedstates?country=~USA#weekly-and-biweekly-deaths-where-are-confirmeddeaths-increasing-or-falling
15. House of Commons Library Briefing Paper Number 8537, 2019, Hate Crime Statistics https://commonslibrary.parliament.uk/research-briefings/cbp-8537/

第13章

1. Sean Coughlan, 'Pisa tests: UK rises in international school rankings', *BBC News*, 2019 https://www.bbc.co.uk/news/education-50563833
2. 'India surpasses France, UK to become world's 5th largest economy: IMF', *Business Today*, 23 February 2020 https://www.businesstoday.in/current/economy-politics/india-surpasses-france-uk-to-become-world-5th-largest-economy-imf/story/396717. html
3. Alanna Petroff, 'Britain crashes out of world's top 5 economies', *CNN*, 2017 https://money.cnn.com/2017/11/22/news/economy/uk-france-biggest-economies-in-the-world/index.html
4. Darren Boyle, 'India overtakes Britain as the world's sixth largest economy (so why are WE still planning to send THEM £130 million in aid by 2018?)', the *Daily Mail*, 2016 https://www.dailymail.co.uk/news/article-4056296/India-overtakes-Britain-world-s-sixth-largest-economy-earth-planning-send-130-million-aid-end-2018.html
5. World Economic and Financial Surveys, World Economic Outlook Database, IMF.org https://www.imf.org/external/pubs/ft/weo/2019/02/weodata/index.aspx
6. Marcus Stead, 'The quiet death of Virgin Cola', 2012 https://marcussteaduk.wordpress.com/2011/02/20/virgin-cola/
7. Clark, A. E., Frijters, P. and Shields, M. A., 'Relative income, happiness, and Utility: An explanation for the Easterlin Paradox and other puzzles', *Journal of Economic Literature*, 46(1) (2008), pp. 95–144 doi: 10.1257/jel.46.1.95
8. IMF World Economic Outlook Database, 2019 https://www.imf.org/external/pubs/ft/weo/2019/02/weodata/index.aspx
9. 'QS World University Rankings: Methodology', 2020 https://www.topuniversities.com/qs-world-university-rankings/methodology
10. 'University league tables 2020', the *Guardian* https://www.theguardian.com/education/ng-interactive/2019/jun/07/university-league-tables-2020
11. OECD PISA FAQ https://www.oecd.org/pisa/pisafaq/
12. 'PISA 2018 results: Combined executive summaries' https://www.oecd.org/pisa/Combined_Executive_Summaries_PISA_2018.pdf

第14章

1. Joe Pinkstone, 'Drinking a small glass of red wine a day could help avoid age-related health problems like diabetes, Alzheimer's and heart disease, study finds', the *Daily Mail*, 2020 https://www.dailymail.co.uk/sciencetech/article-8185207/Drinking-small-glass-red-wine-day-good-long-term-health.html
2. Alexandra Thompson, 'A glass of red is NOT good for the heart: Scientists debunk the myth that drinking in moderation has health benefits', the *Daily Mail*, 2017 https://www.dailymail.co.uk/health/article-4529928/A-glass-red-wine-NOT-good-heart.html
3. Alexandra Thompson, 'One glass of antioxidant-rich red wine a day slashes men's risk of prostate cancer by more than 10% - but Chardonnay has the opposite effect, study finds', the *Daily Mail*, 2018 https://www.dailymail.co.uk/health/article-5703883/One-glass-antioxidant-rich-red-wine-day-slashes-mens-risk-prostate-cancer-10.html
4. Colin Fernandez, 'Even one glass of wine a day raises the risk of cancer: Alarming study reveals booze is linked to at least SEVEN forms of the disease', the *Daily Mail*, 2016 https://www.dailymail.co.uk/health/article-3701871/Even-one-glass-wine-day-raises-risk-cancer-Alarming-study-reveals-booze-linked-SEVEN-forms-disease.html
5. Mold, M., Umar, D., King, A. and Exley, C., 'Aluminium in brain tissue in autism', *Journal of Trace Elements in Medicine and Biology*, 46 (March 2018), pp. 76-82 doi: 10.1016/j.jtemb.2017.11.012
6. Chris Exley and Alexandra Thompson, 'Perhaps we now have the link between vaccination and autism: Professor reveals aluminium in jabs may cause sufferers to have up to 10 times more of the metal in their brains than is safe', the *Daily Mail*, 2017, archived at https://web.archive.org/web/20171130210126/ http://www.dailymail.co.uk/health/article-5133049/Aluminium-vaccines-cause-autism.html
7. Wakefield, A. J., Murch, S. H., Anthony, A., Linnell, J. et al., 'RETRACTED: Ileal-lymphoid-nodular hyperplasia, non-specific colitis, and pervasive developmental disorder in children', *The Lancet*, 28 February 1998 https://doi.org/10.1016/S0140-6736(97)11096-0
8. Godlee, F., Smith, J. and Marcovitch, H., 'Wakefield's article linking MMR vaccine and autism was fraudulent', *British Medical Journal*, 342 (2011), c7452
9. 'More than 140,000 die from measles as cases surge worldwide', WHO, 2019 https://www.who.int/news-room/detail/05-12-2019-more-than-140-000-die-from-measles-as-cases-surge-worldwide
10. Xi, B., Veeranki, S. P., Zhao, M., Ma, C., Yan, Y. and Mi, J., 'Relationship of alcohol consumption to all-cause, cardiovascular, and cancer-related mortality in U.S. adults', *Journal of the American College of Cardiology*, 70(8)

(August 2017), pp. 913–22
11. Bell, S., Daskalopoulou, M., Rapsomaniki, E., George, J., Britton, A., Bobak, M., Casas, J. P., Dale, C. E., Denaxas, S., Shah, A. D. and Hemingway, H., 'Association between clinically recorded alcohol consumption and initial presentation of 12 cardiovascular diseases: Population based cohort study using linked health records', *British Medical Journal*, 356 (2017), j909
12. Gonçalves, A., Claggett, B., Jhund, P. S., Rosamond, W., Deswal, A., Aguilar, D., Shah, A. M., Cheng, S. and Solomon, S. D., 'Alcohol consumption and risk of heart failure: The atherosclerosis risk in communities study', *European Heart Journal*, 36(15) (14 April 2015), pp. 939–45 https://doi.org/10.1093/eurheartj/ehu514

第15章

1. Lucy Hooker, 'Does money make you mean? ', *BBC News*, 2015 https://www.bbc.co.uk/news/magazine-31761576
2. Vohs, K. D., Mead, N. L. and Goode, M. R., 'The psychological consequences of money', *Science*, 314 (17 November 2006)
3. Daniel Kahneman, *Thinking, Fast and Slow*, Allen Lane, 2011. 『ファスト&スロー——あなたの意思はどのように決まるか?』上下、ダニエル・カーネマン、村井章子訳(ハヤカワ・ノンフィクション文庫、早川書房、2014)
4. Bateson, M., Nettle, D. and Roberts, G., 'Cues of being watched enhance cooperation in a real-world setting', *Biology Letters*, 2(3) (2006), pp. 412–14 doi: 10.1098/rsbl.2006.0509
5. Zhong, C.-B. and Liljenquist, K., 'Washing away your sins: Threatened morality and physical cleansing', *Science*, 313 (8 September 2006), pp. 1451–2 doi: 10.1126/science.1130726
6. Joe Pinsker, 'Just *looking* at cash makes people selfish and less social', *The Atlantic*, 2014
7. Bem, D. J., 'Feeling the future: Experimental evidence for anomalous retroactive influences on cognition and affect', *Journal of Personality and Social Psychology*, 100(3) (2011), pp. 407–25 https://doi.org/10.1037/a0021524
8. Ritchie, S. J., Wiseman, R. and French, C. C., 'Replication, replication, replication', *The Psychologist*, 25 (May 2012) https://thepsychologist.bps.org.uk/volume-25/edition-5/replication-replication-replication
9. Ritchie, S. J., Wiseman, R. and French, C. C., 'Failing the future: Three unsuccessful attempts to replicate Bem's "retroactive facilitation of recall" effect', *PLOS One*, 7(3) (2012), e33423 https://doi.org/10.1371/journal.pone.0033423
10. Bem, D., Tressoldi, P. E., Rabeyron, T. and Duggan, M., 'Feeling the future: A meta-analysis of 90 experiments on the anomalous anticipation of random future events (version 2; peer review: 2 approved)', *F1000Research*,

2016, 4: 1188 https://doi.org/10.12688/f1000research.7177.2
11. Simes R. J., 'Publication bias: The case for an international registry of clinical trials', *Journal of Clinical Oncology*, 4(10) (1 October 1986), pp. 1529–41 doi: 10.1200/JCO.1986.4.10.1529
12. Driessen, E., Hollon, S. D., Bockting, C. L. H., Cuijpers, P. and Turner, E. H., 'Does publication bias inflate the apparent efficacy of psychological treatment for major depressive disorder? A systematic review and meta-analysis of US national institutes of health-funded trials', *PLOS One*, 10 (9) (2015), e0137864 doi: 10.1371/journal. pone.0137864
13. Conn, V., Valentine, J., Cooper, H. and Rantz, M., 'Grey literature in meta-analyses', *Nursing Research*, 52(4) (2003), pp. 256–61 doi: 10.1097/00006199-200307000-00008
14. DeVito, N. J., Bacon, S. and Goldacre, B., 'Compliance with legal requirement to report clinical trial results on ClinicalTrials.gov: A cohort study', *The Lancet*, 17 January 2020 doi: https://doi.org/10.1016/S0140-6736(19)33220-9
15. Lodder, P., Ong, H. H., Grasman, R. P. P. P. and Wicherts, J. M., 'A comprehensive meta-analysis of money priming', *Journal of Experimental Psychology: General*, 148(4) (2019), pp. 688–712 doi: 10.1037/xge0000570
16. Scheel, A., Schijen, M. and Lakens, D., 'An excess of positive results: Comparing the standard psychology literature with registered reports', *PsyArXiv*, 5 February 2020 doi: 10.31234/osf.io/p6e9c

第16章

1. Bob Carter, 'There IS a problem with global warming... it stopped in 1998', the *Daily Telegraph*, 2006 https://www.telegraph.co.uk/comment/personal-view/3624242/There-IS-a-problem-with-global-warming...-it-stopped-in-1998.html
2. David Rose, 'Global warming stopped 16 years ago, reveals Met Office report quietly released... and here is the chart to prove it', the *Mail on Sunday*, 2012 https://www.dailymail.co.uk/sciencetech/article-2217286/Global-warming-stopped-16-years-ago-reveals-Met-Office-report-quietly-released-chart-prove-it.html
3. Sian Griffiths and Tim Shipman, '"Suicidal generation": tragic toll of teens doubles in 8 years', the *Sunday Times*, 2019 https://www.thetimes.co.uk/edition/news/suicidal-generation-tragic-toll-of-teens-doubles-in-8-years-zlkqzsd2b
4. 'Suicides in the UK: 2018 registrations', ONS, 3 September 2019 https://www.ons.gov.uk/peoplepopulationandcommunity/birthsdeathsandmarriages/deaths/bulletins/suicidesintheunitedkingdom/2018registrations
5. COMPare, 'Tracking switched outcomes in clinical trials', Centre for Evidence-Based Medicine, 2018 https://compare-trials.org/index.html

第17章
1. Phillip Inman, 'OBR caps UK growth forecast at 1.2% but says five-year outlook bright', the *Guardian*, 2019 https://www.theguardian.com/business/2019/mar/13/obr-caps-uk-growth-forecast-at-12-but-says-five-year-outlook-bright
2. 'How our forecasts measure up', Met Office blog, 2016 https://blog.metoffice.gov.uk/2016/07/10/how-our-forecasts-measure-up/
3. Nate Silver, *The Signal and the Noise: The Art and Science of Prediction*, Penguin 2012

第18章
1. Peter Hitchens, 'There's powerful evidence this Great Panic is foolish, yet our freedom is still broken and our economy crippled', the *Mail on Sunday*, 2020. Archived at the Wayback Machine: https://www.dailymail.co.uk/debate/article-8163587/PETER-HITCHENS-Great-Panic-foolish-freedom-broken-economy-crippled.html
元の「メール・オン・サンデー」の記事は発表後に編集されているため、アーカイブされたバージョンを使用。そのため、「彼は自分の恐ろしい予言を、最初は２万人未満に、さらに金曜日には5700人へと二度も修正した」は、現在では「彼**またはインペリアル・カレッジの人たち**は自分の恐ろしい予言を、最初は２万人未満に、さらに金曜日には5700人へと二度も修正した」になっている（強調は著者による）。
2. 'United Kingdom: What is the cumulative number of confirmed deaths?', *Our World in Data* https://ourworldindata.org/coronavirus/country/united-kingdom?country=~GBR#what-is-the-cumulative-number-of-confirmed-deaths
3. Ferguson, N. M., Laydon, D., Nedjati-Gilani, G., Imai, N. et al., 'Impact of non-pharmaceutical interventions (NPIs) to reduce COVID-19 mortality and healthcare demand', Imperial College London, 16 March 2020 https://www.imperial.ac.uk/media/imperial-college/medicine/sph/ide/gida-fellowships/Imperial-College-COVID19-NPI-modelling-16-03-2020.pdf
4. Lourenço, J., Paton, R., Ghafari, M., Kraemer, M., Thompson, C., Simmonds, P., Klenerman, P. and Gupta, S., 'Fundamental principles of epidemic spread highlight the immediate need for large-scale serological surveys to assess the stage of the SARS-CoV-2 epidemic', *medRxiv* 2020.03.24.20042291 (preprint) 2020 https://doi.org/10.1101/2020.03.24.20042291
5. Chris Giles, 'Estimates of long term effect of Brexit on national income' chart, 'Brexit in seven charts – the economic impact', the *Financial Times*, 2016 https://www.ft.com/content/0260242c-370b-11e6-9a05-82a9b15a8ee7
6. 'The economy after Brexit', Economists for Brexit, 2016 http://issuu.com/efbkl/docs/economists_for_brexit_v2
7. 'HM Treasury analysis: The immediate economic impact of leaving the EU', HM Treasury, 2016 https://assets.publishing.service.gov.uk/

government/uploads/system/uploads/attachment_data/file/524967/hm_treasury_analysis_the_immediate_economic_impact_of_leaving_the_eu_web.pdf
8. 'Family spending workbook 1: Detailed expenditure and trends', table 4.3, ONS, 19 March 2020. https://www.ons.gov.uk/peoplepopulationandcommunity/personalandhouseholdfinances/expenditure/datasets/familyspendingworkbook1detailedexpenditureandtrends
9. Estrin, S., Cote, C. and Shapiro, D., 'Can Brexit defy gravity? It is still much cheaper to trade with neighbouring countries', LSE blog, 9 November 2018 https://blogs.lse.ac.uk/management/2018/11/09/can-brexit-defy-gravity-it-is-still-much-cheaper-to-trade-with-neighbouring-countries/
10. Head, K. and Mayer, T., 'Gravity equations: Workhorse, toolkit, and cookbook', *Handbook of International Economics*, (2014) doi:10. 1016/B978-0-444-54314-1.00003-3
11. Sampson, T., Dhingra, S., Ottaviano, G. and Van Reenen, J., 'Economists for Brexit: A critique', CEP Brexit Analysis Paper No. 6, 2016 http://cep.lse.ac.uk/pubs/download/brexit06.pdf
12. Pike, W. T. and Saini, V., 'An international comparison of the second derivative of COVID-19 deaths after implementation of social distancing measures', *medRxiv* 2020.03.25.20041475 doi: https://doi.org/10.1101/2020.03.25.20041475
13. Tom Pike, Twitter, 2020: https://twitter.com/TomPike00075908/status/1244077827164643328

第19章

1. Stephan Shakespeare, 'Introducing YouGov's 2017 election model', YouGov, 2017 https://yougov.co.uk/topics/politics/articles-reports/2017/05/31/yougovs-election-model
2. 'How YouGov's election model compares with the final result', YouGov, 2017 https://yougov.co.uk/topics/politics/articles-reports/2017/06/09/how-yougovs-election-model-compares-final-result
3. Anthony Wells, 'Final 2019 general election MRP model: Small Conservative majority likely', YouGov, 2019 https://yougov.co.uk/topics/politics/articles-reports/2019/12/10/final-2019-general-election-mrp-model-small-
4. John Rentoul, 'The new YouGov poll means this election is going to the wire', the *Independent*, 2019 https://www.independent.co.uk/voices/election-yougov-latest-poll-mrp-yougov-survation-tories-labour-majority-hung-parliament-a9241366.html
5. Mia de Graaf, 'Cell phone tower shut down at elementary school after eight kids are diagnosed with cancer in "mysterious" cluster', the *Daily Mail*, 2019 https://www.dailymail.co.uk/health/article-6886561/Cell-phone-

tower-shut-elementary-school-eight-kids-diagnosed-cancer.html
6. Julie Watts, 'Moms of kids with cancer turn attention from school cell tower to the water', *CBS Sacramento*, 2019 https://sacramento.cbslocal.com/2019/05/02/moms-kids-cancer-cell-tower-water-ripon/
7. 'Cancer facts & figures 2020', American Cancer Society, Atlanta, Ga., 2020 https://www.cancer.org/research/cancer-facts-statistics/all-cancer-facts-figures/cancer-facts-figures-2020.html
8. Siméon Denis Poisson, *Recherches sur la probabilité des jugements en matière criminelle et en matière civile*, 1837, translated 2013 by Oscar Sheynin https://arxiv.org/pdf/1902.02782.pdf
9. Sam Greenhill, '"It's awful – Why did nobody see it coming?": The Queen gives her verdict on global credit crunch', the *Daily Mail*, 2008 https://www.dailymail.co.uk/news/article-1083290/Its-awful–Why-did-coming–The-Queen-gives-verdict-global-credit-crunch.html
10. House of Commons Hansard Debates, 13 November 2003, Column 397 https://publications.parliament.uk/pa/cm200203/cmhansrd/vo031113/debtext/31113-02.htm
11. Melissa Kite, 'Vince Cable: Sage of the credit crunch, but this Liberal Democrat is not for gloating', the *Daily Telegraph*, 2008 https://www.telegraph.co.uk/news/politics/liberaldemocrats/3179505/Vince-Cable-Sage-of-the-credit-crunch-but-this-Liberal-Democrat-is-not-for-gloating.html
12. Paul Samuelson (1966), quoted in Bluedorn, J. C., Decressin, J. and Terrones, M. E., 'Do asset price drops foreshadow recessions?', IMF Working Paper, October 2013, p. 4
13. Asa Bennett, *Romanifesto: Modern Lessons from Classical Politics*, Biteback Publishing, 2019.
14. Rachael Pells, 'British economy "will turn nasty next year", says former Business Secretary Sir Vince Cable', the *Independent*, 2016 https://www.independent.co.uk/news/business/sir-vince-cable-british-economy-will-turn-nasty-next-year-says-man-who-predicted-2008-economic-crash-a7394316.html
15. Feychting, M. and Alhbom, M., 'Magnetic fields and cancer in children residing near Swedish high-voltage power lines', *American Journal of Epidemiology*, 138(7) (1 October 1993), pp. 467–81 https://doi.org/10.1093/oxfordjournals.aje.a116881
16. Andy Coghlan, 'Swedish studies pinpoint power line cancer link', *New Scientist*, 1992 https://www.newscientist.com/article/mg13618450-300-swedish-studies-pinpoint-power-line-cancer-link/
17. Dr. John Moulder, 'Electromagnetic fields and human health: Power lines and cancer FAQs', 2007 http://large.stanford.edu/publications/crime/references/moulder/moulder. pdf
18. Richard Gill, 'Lying statistics damn Nurse Lucia de B', 2007 https://www.math.leidenuniv.nl/~gill/lucia.html

19. Ben Goldacre, 'Lucia de Berk – a martyr to stupidity', the *Guardian*, 2010 https://www.badscience.net/2010/04/lucia-de-berk-a-martyr-to-stupidity/

第20章

1. Danuta Kean, 'The Da Vinci Code code: What's the formula for a bestselling book?', the *Guardian*, 2017 https://www.theguardian.com/books/2017/jan/17/the-da-vinci-code-code-whats-the-formula-for-a-bestselling-book
2. Donna Ferguson, 'Want to write a bestselling novel? Use an algorithm', the *Guardian*, 2017 https://www.theguardian.com/money/2017/sep/23/write-bestselling-novel-algorithm-earning-money
3. Hephzibah Anderson, 'The secret code to writing a bestseller', *BBC Culture*, 2016 https://www.bbc.com/culture/article/20160812-the-secret-code-to-writing-a-bestseller
4. Wald, A., 'A method of estimating plane vulnerability based on damage of survivors', Alexandria, Va., Operations Evaluation Group, Center for Naval Analyses, reprint, CRC432, 1980 https://apps.dtic.mil/dtic/tr/fulltext/u2/a091073.pdf
5. Gary Smith, *Standard Deviations: Flawed Assumptions, Tortured Data, and Other Ways to Lie with Statistics*, Overlook Press 2014.『データは騙る――改竄・捏造・不正を見抜く統計学』ゲアリー・スミス、川添節子訳（早川書房、2019）
6. Jordan Ellenberg, *How Not to Be Wrong: The Power of Mathematical Thinking*, Penguin Books, 2014, pp. 89–191.『データを正しく見るための数学的思考――数学の言葉で世界を見る』ジョーダン・エレンバーグ、松浦俊輔訳（日経BP社、2015）
7. Derren Brown, *The System*, Channel 4, 2008 http://derrenbrown.co.uk/shows/the-system/
8. John D. Sutter, 'Norway mass-shooting trial reopens debate on violent video games', CNN, 2012 https://edition.cnn.com/2012/04/19/tech/gaming-gadgets/games-violence-norway-react/index.html
9. Ben Hill, 'From a bullied school boy to NZ's worst mass murderer: Christchurch mosque shooter was "badly picked on as a child because he was chubby"', *Daily Mail Australia*, 2019 https://www.dailymail.co.uk/news/article-6819895/Christchurch-mosque-shooter-picked-pretty-badly-child-overweight. html
10. Jane C. Timm, 'Fact check: Trump suggests video games to blame for mass shootings', NBC News, 2019 https://www.nbcnews.com/politics/donald-trump/fact-check-trump-suggests-video-games-blame-mass-shootings-n1039411
11. Markey, P. M., Markey, C. N. and French, J. E., 'Violent video games and real-world violence: Rhetoric versus data', *Psychology of Popular Media*

Culture, 4(4) (2015), pp. 277–95 https://doi.org/10.1037/ppm0000030
12. Turner, E. H., Matthews, A. M., Linardatos, E., Tell, R. A. and Rosenthal, R., 'Selective publication of antidepressant trials and its influence on apparent efficacy', *New England Journal of Medicine*, 358(3) (2008), pp. 252–60 doi: 10.1056/NEJMsa065779

第 21 章

1. Miyara, M., Tubach, F., Pourcher, V., Morelot-Panzini, C. et al., 'Low incidence of daily active tobacco smoking in patients with symptomatic COVID-19', *Qeios*, 21 April 2020 doi: 10.32388/WPP19W.3
2. Mary Kekatos, 'Was Hockney RIGHT? French researchers to give nicotine patches to coronavirus patients and frontline workers after lower rates of infection were found among smokers', the *Daily Mail*, 2020 https://www.dailymail.co.uk/health/article-8246939/French-researchers-plan-nicotine-patches-coronavirus-patients-frontline-workers.html
3. Roberts, R. S., Spitzer, W. O., Delmore, T. and Sackett, D. L., 'An empirical demonstration of Berkson's bias', *Journal of Chronic Diseases*, 31(2) (1978), pp. 119–28 https://doi.org/10.1016/0021-9681(78)90097-8
4. Griffith, G., Morris, T. T., Tudball, M., Herbert, A. et al., 'Collider bias undermines our understanding of COVID-19 disease risk and severity', *medRxiv* 2020.05.04.20090506 doi: https://doi.org/10.1101/2020.05.04.20090506
5. Sperrin, M., Candlish, J., Badrick, E., Renehan, A. and Buchan, I., 'Collider bias is only a partial explanation for the obesity paradox', *Epidemiology*, 27 (4) (July 2016), pp. 525–30 doi: 10.1097/EDE.0000000000000493. PMID: 27075676; PMCID: PMC4890843

第 22 章

1. Patrick Worrall, 'The target was for 100,000 tests a day to be "carried out", not "capacity" to do 100,000 tests', *Channel 4 FactCheck*, 2020 https://www.channel4.com/news/factcheck/factcheck-the-target-was-for-100000-tests-a-day-to-be-carried-out-not-capacity-to-do-100000-tests
2. 'United Kingdom: How many tests are performed each day?', *Our World in Data* https://ourworldindata.org/coronavirus/country/united-kingdom?country=~GBR#how-many-tests-are-performed-each-day
3. Laura Kuenssberg, Twitter https://twitter.com/bbclaurak/status/1255757972791230465
4. 'Matt Hancock confirms 100,000 coronavirus testing target met', *ITV News*, 1 May 2020 https://www.itv.com/news/2020-05-01/coronavirus-daily-briefing-matt-hancock-steve-powis-testing-tracing/
5. Emily Ashton, Twitter, 29 April 2020 https://twitter.com/elashton/status/1255468112251695109

6. Nick Carding, 'Government counts mailouts to hit 100,000 testing target', *Health Service Journal*, 2020 https://www.hsj.co.uk/quality-and-performance/revealed-how-government-changed-the-rules-to-hit-100000-tests-target/7027544.article
7. 'More or less: Testing truth, fatality rates, obesity risk and trampolines', BBC Radio 4, 2020 https://www.bbc.co.uk/programmes/p08ccb4g
8. 'Sir David Norgrove response to Matt Hancock regarding the government's COVID-19 testing data', UK Statistics Authority, 2 June 2020 https://www.statisticsauthority.gov.uk/correspondence/sir-david-norgrove-response-to-matt-hancock-regarding-the-governments-covid-19-testing-data/
9. Daisy Christodoulou, 'Exams and Goodhart's law', 2013 https://daisychristodoulou.com/2013/11/exams-and-goodharts-law/
10. Dave Philipps, 'At veterans hospital in Oregon, a push for better ratings puts patients at risk, doctors say', the *New York Times*, 2018 https://www.nytimes.com/2018/01/01/us/at-veterans-hospital-in-oregon-a-push-for-better-ratings-puts-patients-at-risk-doctors-say.html
11. Gupta, A., Allen, L. A., Bhatt, D. L., Cox, M. et al., 'Association of the hospital readmissions reduction program implementation with readmission and mortality outcomes in heart failure', *JAMA Cardiology*, 3(1) (2018), pp. 44–53 doi: 10.1001/jamacardio.2017.4265
12. Fire, M. and Guestrin, C., 'Over-optimization of academic publishing metrics: Observing Goodhart's law in action', *GigaScience*, 8(6) (June 2019), giz053 https://doi.org/10.1093/gigascience/giz053
13. 'Millions more items of PPE for frontline staff from new business partnerships', Gov. uk, 9 May 2020 https://www.gov.uk/government/news/millions-more-items-of-ppe-for-frontline-staff-from-new-business-partnerships
14. Will Kurt, Twitter, 20 May 2016 https://twitter.com/willkurt/status/733708922364657664
15. Tom Chivers, 'Stop obsessing over the 100,000 test target', *UnHerd*, 2020 https://unherd.com/thepost/stop-obsessing-over-the-100000-test-target/

結論および統計スタイルガイド

1. Simon Heffer, *The Daily Telegraph Style Guide*, Aurum Press, 2010.
2. 'Names and titles', Telegraph style book, 23 January 2018 https://www.telegraph.co.uk/style-book/names-and-titles/
3. Emmy Favilla, 'BuzzFeed Style Guide', https://www.buzzfeed.com/emmyf/buzzfeed-style-guide
4. 'FULL SUNDAY SPORT STYLE GUIDE EMAIL "WHO THE HELL PUTS A HYPHEN IN BELLEND?"', *Guido Fawkes*, 25 July 2014 https://order-order.com/2014/07/25/full-sunday-sport-emailwho-the-hell-puts-a-hyphen-in-bellend/
5. Roger Milne, 'Britain in row with neighbours over North Sea dumping',

New Scientist, 27 January 1990 https://www.newscientist.com/article/mg12517011-200-britain-in-row-with-neighbours-over-north-sea-dumping/#ixzz6VUDWpXqm
6. Adams, R. C., Challenger, A., Bratton, L., Boivin, J. et al., 'Claims of causality in health news: A randomised trial', *BMC Medicine*, 17, 91 (2019) https://doi.org/10.1186/s12916-019-1324-7

HOW TO READ NUMBERS
Copyright © 2021 by Tom Chivers and David Chivers
All rights reserved including the rights of reproduction in whole or in part in any form.
Japanese translation rights arranged with Janklow & Nesbit (UK) Ltd through Japan UNI Agency, Inc., Tokyo.

ちくま新書
1632

ニュースの数字《すうじ》をどう読《よ》むか
――統計《とうけい》にだまされないための22章《しょう》

二〇二二年二月一〇日 第一刷発行

著者 トム・チヴァース
　　 デイヴィッド・チヴァース

訳者 北澤京子（きたざわ・きょうこ）

発行者 喜入冬子

発行所 株式会社 筑摩書房
東京都台東区蔵前二-五-三 郵便番号一一一-八七五五
電話番号〇三-五六八七-二六〇一（代表）

装幀者 間村俊一

印刷・製本 株式会社 精興社

本書をコピー、スキャニング等の方法により無許諾で複製することは、法令に規定された場合を除いて禁止されています。請負業者等の第三者によるデジタル化は一切認められていませんので、ご注意ください。

乱丁・落丁本の場合は、送料小社負担でお取り替えいたします。

© Tom & David CHIVERS/KITAZAWA Kyoko 2022

Printed in Japan
ISBN978-4-480-07454-6 C0204

ちくま新書

565
使える！　確率的思考
小島寛之
この世は半歩先さえ不確かだ。上手に生きるには、可能性を見積もり適切な行動を選択する力が欠かせない。確率のテクニックを駆使して賢く判断する思考法を伝授！

832
わかりやすいはわかりにくい？
――臨床哲学講座
鷲田清一
人はなぜわかりやすい論理に流され、思い通りにゆかず苛立つのか――常識とは異なる角度から哲学的に物事を見る方法をレッスンし、自らの言葉で考える力を養う。

1006
高校生からの経済データ入門
吉本佳生
データの収集、蓄積、作成、分析。数字で考える「頭」は、情報技術では絶対に買えません。高校生でも、そして大人でも、分析の技法を基礎の基礎から学べます。

1231
科学報道の真相
――ジャーナリズムとマスメディア共同体
瀬川至朗
なぜ科学ジャーナリズムで失敗が起こり、読者の不信感を引き起こすのか？　原発事故・ＳＴＡＰ細胞・地球温暖化など歴史的事例から、問題発生の構造を徹底検証。

1526
統計で考える働き方の未来
坂本貴志
労働の実態、高齢化や格差など日本社会の現状、賃金や社会保障制度の変遷などを多くの統計をもとに分析し、そこから未来を予測。高齢者の働き方を考える。

1582
バイアスとは何か
藤田政博
事実や自己、他者をゆがんだかたちで認知する現象、バイアス。それはなぜ起こるのか？　日常のさまざまな場面で生じるバイアスを紹介し、その緩和策を提示する。

1437
ネットで勝つ情報リテラシー
――あの人はなぜ騙されないのか
小木曽健
ネット空間は怖くない！　フェイクを見破り、炎上を防ぎ、あなたの声を正しく届ける技術、教えます。「ネットで勝ち抜く」大人のための情報リテラシー入門書。

ちくま新書

966
数学入門
小島寛之
ピタゴラスの定理や連立方程式といった基礎の基礎を出発点に、美しく深遠な現代数学の入り口まで到達する道筋がある！　本物を知りたい人のための最強入門書。

1545
学びなおす算数
小林道正
分数でわるとなぜ答えが大きくなるか、円周率はなぜわりきれないか、マイナスかけるマイナスがなぜプラスになるか、図形感覚が身につく補助線とは……。

604
高校生のための論理思考トレーニング
横山雅彦
日本人は議論下手。なぜなら「論理」とは「英語の」思考様式だから。日米の言語比較から、その背後の「心の習慣」を見直し、英語のロジックを日本語に応用する。２色刷。

1200
「超」入門！　論理トレーニング
横山雅彦
「伝えたいことを相手にうまく伝えられない」のはなぜか？　日本語をロジカルに運用し、論理思考をコミュニケーションとして使いこなすためのコツを伝授！

1404
論理的思考のコアスキル
波頭亮
ホンモノの論理的思考力を確実に習得するための決定版！　必須のスキル「適切な言語化」「分ける・繋げる」「定量的判断」と、その具体的トレーニング方法を指南する。

1167
大人のためのメディア論講義
石田英敬
情報産業が生みだす欲望に身を任せ、先端技術に自らの意識を預ける――24時間デジタル機器を手放せない現代人に何が起こったのか。２つのメディア革命を検証。

1507
知っておきたい感染症【新版】
――新型コロナと21世紀型パンデミック
岡田晴恵
世界を混乱に陥れた新型コロナウイルスをはじめ、鳥インフルエンザやＳＡＲＳなど近年流行した感染症の特徴や防止策など必須の知識を授ける。待望の新版刊行。

ちくま新書

1510
ドキュメント 感染症利権
——医療を蝕む闇の構造
山岡淳一郎
何が救命を阻むのか。情報の隠蔽、政官財学の癒着、学閥、731部隊人脈、薬の特許争い……新型コロナ禍をはじめ危機下にも蠢き医療を蝕む、邪悪な構造を暴く。

1532
医者は患者の何をみているか
——プロ診断医の思考
國松淳和
プロ診断医は全体をみながら細部をみて、病気の起きている理屈を考え、自在に思考を巡らせている。病態把握のために「みえないものをみる」、究極の診断とは？

1333-1
持続可能な医療
——超高齢化時代の科学・公共性・死生観
【シリーズ ケアを考える】
広井良典
高齢化の進展にともない増加する医療費を、将来世代にこれ以上ツケ回しすべきではない。人口減少日本の最重要課題に挑むため、医療をひろく公共的に問いなおす。

1333-2
医療ケアを問いなおす
——患者をトータルにみることの現象学
【シリーズ ケアを考える】
榊原哲也
そもそも病いを患うとは、病いを患う人をケアするとはどういうことなのか。患者と向き合い寄り添うために、現象学という哲学の視点から医療ケアを問いなおす。

1333-3
社会保障入門
【シリーズ ケアを考える】
伊藤周平
年金、医療、介護。複雑でわかりにくいのに、この先も不透明。そんな不安を解消すべく、ざっくりとその仕組みを教えます。さらには、労災・生活保障の解説あり。

1333-4
薬物依存症
【シリーズ ケアを考える】
松本俊彦
さまざまな先入観をもって語られてきた「薬物依存症」。第一人者が、その誤解をとき、よりよい治療・回復支援方法を紹介。医療や社会のあるべき姿をも考察する一冊。

1333-6
長寿時代の医療・ケア
——エンドオブライフの論理と倫理
【シリーズ ケアを考える】
会田薫子
超高齢化社会におけるケアの役割とは？ 介護現場を丹念に調査し、医者、家族、患者の苦悩をすくいあげ、人生の最終段階における医療のあり方を示す。

ちくま新書

1208
長生きしても報われない社会
——在宅医療・介護の真実
山岡淳一郎
長期介護の苦痛、看取りの場の不在、増え続ける認知症……。多死時代を迎える日本において、経済を優先して人間をないがしろにする医療と介護に未来はあるのか？

1261
医療者が語る答えなき世界
——「いのちの守り人」の人類学
磯野真穂
医療現場にはお堅いイメージがある。しかし実際はあいまいで豊かな世界が広がっている。フィールドワークによって明らかにされる医療者の胸の内を見てみよう。

998
医療幻想
——「思い込み」が患者を殺す
久坂部羊
点滴は血を薄めるだけ、消毒は傷の治りを遅くする、抗がん剤ではがんは治らない……。日本医療を覆う、根拠のない幻想の実態に迫る！

1025
医療大転換
——日本のプライマリ・ケア革命
葛西龍樹
無駄な投薬や検査、患者のたらい回しなどのシステム不全を解決する鍵はプライマリ・ケアにある。家庭医という「あなた専門の医者」が日本の医療に革命を起こす。

1155
医療政策を問いなおす
——国民皆保険の将来
島崎謙治
地域包括ケア、地域医療構想、診療報酬改定。2018年に大転機をむかえる日本の医療の背景と動向を精細に分析し、医療政策のあるべき方向性を明快に示す。

569
無思想の発見
養老孟司
日本人はなぜ無思想なのか。それはつまり、「ゼロ」のようなものではないか。「無思想の思想」を手がかりに、日本が抱える諸問題を論じ、閉塞した現代に風穴を開ける。

1506
死の病いと生の哲学
船木亨
人は死への恐怖に直面して初めて根源的に懐疑するようになる。哲学者が自らガンを患った経験を通じて、生と死、人間存在や社会のあり方について深く問いなおす。

ちくま新書

1460
世界哲学史1
――古代Ⅰ　知恵から愛知へ
［責任編集］伊藤邦武／山内志朗
中島隆博／納富信留
人類は文明の始まりに世界と魂をどう考えたのか。古代オリエント、旧約聖書世界、ギリシアから、中国、インドまで、世界哲学が立ち現れた場に多角的に迫る。

1461
世界哲学史2
――古代Ⅱ　世界哲学の成立と展開
［責任編集］伊藤邦武／山内志朗
中島隆博／納富信留
キリスト教、仏教、儒教、ゾロアスター教、マニ教などの宗教的思考について哲学史の観点から領域横断的に検討。「善悪と超越」をテーマに、宗教的思索の起源に迫る。

1462
世界哲学史3
――中世Ⅰ　超越と普遍に向けて
［責任編集］伊藤邦武／山内志朗
中島隆博／納富信留
七世紀から一二世紀まで、ヨーロッパ、ビザンツ、イスラーム世界、中国やインド、そして日本の多様な形而上学の発展を、相互の豊かな関わりのなかで論じていく。

1463
世界哲学史4
――中世Ⅱ　個人の覚醒
［責任編集］伊藤邦武／山内志朗
中島隆博／納富信留
モンゴル帝国がユーラシアを征服し世界が一体化へと向かう中、世界哲学はいかに展開したか。天や神など超越者に還元されない「個人の覚醒」に注目し考察する。

1464
世界哲学史5
――中世Ⅲ　バロックの哲学
［責任編集］伊藤邦武／山内志朗
中島隆博／納富信留
近代西洋思想は、いかにイスラームの影響を受けたスコラ哲学によって準備され、世界へと伝播したか。中国・朝鮮・日本までを視野に入れて多面的に論じていく。

1465
世界哲学史6
――近代Ⅰ　啓蒙と人間感情論
［責任編集］伊藤邦武／山内志朗
中島隆博／納富信留
啓蒙運動が人間性の復活という目標をもっていたことを、東西の思想の具体例とその交流の歴史から浮き彫りにしつつ、一八世紀の東西の感情論へのまなざしを探る。

1466
世界哲学史7
――近代Ⅱ　自由と歴史的発展
［責任編集］伊藤邦武／山内志朗
中島隆博／納富信留
旧制度からの解放を求めた一九世紀の「自由の哲学」とは何か。欧米やインド、日本などでの知的営為を俯瞰し、自由の意味についての哲学的探究を広く渉猟する。

ちくま新書

1467
世界哲学史8
――現代　グローバル時代の知
［責任編集］伊藤邦武／山内志朗
中島隆博／納富信留
西洋現代哲学、ポストモダン思想から、イスラーム、中国、日本、アフリカなど世界各地の現代哲学までを渉猟し、現代文明の危機を打開する哲学の可能性を探る。

1534
世界哲学史別巻
――未来をひらく
［責任編集］伊藤邦武／山内志朗
中島隆博／納富信留
古代から現代までの『世界哲学史』全八巻を踏まえ、論じ尽くされていない論点、明らかになった新たな課題について考察し、未来の哲学の向かうべき先を考える。

1287-1
人類5000年史Ⅰ
――紀元前の世界
出口治明
人類五〇〇〇年の歩みを通読する、新シリーズの第一巻、ついに刊行！　文字の誕生から知の爆発の時代まで紀元前三〇〇〇年の歴史をダイナミックに見通す。

1287-2
人類5000年史Ⅱ
――紀元元年～1000年
出口治明
人類史を一気に見通すシリーズの第二巻。漢とローマ二大帝国の衰退、世界三大宗教の誕生、陸と海のシルクロード時代の幕開け等、激動の一〇〇〇年が展開される。

1287-3
人類5000年史Ⅲ
――1001年～1500年
出口治明
十字軍の遠征、宋とモンゴル帝国の繁栄など人や物の交流が盛んになるが、気候不順、ペスト流行にも見舞われる。ルネサンスも勃興し、人類は激動の時代を迎える。

1287-4
人類5000年史Ⅳ
――1501年～1700年
出口治明
征服者が海を越え、銀による交易制度が確立、大洋を舞台とするグローバル経済が芽吹いた。大帝国繁栄の傍らで、宗教改革と血脈の王政が荒れ狂う危機の時代へ。

1259
現代思想の名著30
仲正昌樹
近代的思考の限界を超えようとした現代思想。難解なものが多いそれらの名著を一気に30冊解説する。知っているつもりになっていたあの概念の奥深さにふれる。

ちくま新書

1343
日本思想史の名著30
苅部直
古事記から日本国憲法、丸山眞男『忠誠と反逆』まで、日本思想史上の代表的名著30冊を選りすぐり徹底解説。人間や社会をめぐる、この国の思考を明らかにする。

744
宗教学の名著30
島薗進
哲学、歴史学、文学、社会学、心理学など多領域から宗教理解、理論の諸成果を取り上げ、現代における宗教的なものの意味を問う。深い人間理解へ誘うブックガイド。

655
政治学の名著30
佐々木毅
古代から現代まで、著者がその政治観を形成する上でたえず傍らにあった名著の数々。選ばれた30冊は混迷を深める時代にこそますます重みを持ち、輝きを放つ。

718
社会学の名著30
竹内洋
社会学は一見わかりやすそうで意外に手ごわい。でも良質の解説書に導かれれば知的興奮を覚えるようになる。30冊を通して社会学の面白さを伝える、魅惑の入門書。

1149
心理学の名著30
サトウタツヤ
臨床や実験など様々なイメージを持たれている心理学。それを「認知」「発達」「社会」の側面から整理しなおし、古典から最新研究までを解説したブックガイド。

1530
メディア論の名著30
佐藤卓己
広く知られる古典から「読まれざる名著」まで、メディア研究の第一人者ならではの視点で解説。ウェブ時代にあってメディア論を深く知りたい人にとり最適の書！

785
経済学の名著30
松原隆一郎
スミス、マルクスから、ケインズ、ハイエクを経てセンまで。各時代の危機に対峙することで生まれた古典には混沌とする経済の今を捉えるためのヒントが満ちている！